AF450682

L'IMMENSE TRÉSOR DES SCIENCES ET DES ARTS,

OU

LES SECRETS DE L'INDUSTRIE DÉVOILÉS.

Cet ouvrage étant ma propriété, je poursuivrai le contrefacteur,
et seront réputés comme contrefaits tous les exemplaires non
revêtus de ma griffe.

POITIERS. — TYP. DE A. DUPRÉ.

L'IMMENSE TRÉSOR DES SCIENCES ET DES ARTS

OU

LES SECRETS DE L'INDUSTRIE DÉVOILÉS,

Contenant plus de 200 Recettes et Procédés nouveaux

INÉDITS OU EXTRAITS DES BREVETS D'INVENTION ET DES JOURNAUX INDUSTRIELS FRANÇAIS ET ÉTRANGERS,

PUBLIÉ PAR UNE SOCIÉTÉ DE SAVANTS ET D'INDUSTRIELS.

Troisième édition, augmentée de **25 Recettes** nouvelles achetées à grands frais par l'éditeur.

PRIX INVARIABLE : **1** FRANC **60** CENTIMES.

SAINTES,

Chez **FONTANIER**, Libraire-Éditeur.

1850.

Nota. — Une seule et la moindre de ces recettes vaut 4 fois le prix de l'ouvrage complet.

TRÉSOR DES SCIENCES ET DES ARTS.

Le Daguerréotype.

Les alchimistes réussirent autrefois à unir l'argent à l'acide marin. Le produit de la combinaison était un sel blanc qu'ils appelèrent *lune* ou *argent corné*. Ce sel jouit de la propriété remarquable de noircir à la lumière, et de noircir d'autant plus vite, que les rayons qui le frappent sont plus vifs. C'est là le point de départ de la belle découverte de M. Daguerre, qui vient de trouver le moyen d'obliger la lumière elle-même à se faire artiste, et à reproduire sur un fond donné les détails d'un vaste paysage, avec toute la merveilleuse délicatesse d'un tel pinceau. On prend une plaque de cuivre argenté ; on la chauffe légèrement à l'aide d'un petit fourneau ; on la ponce et on la lave plusieurs fois avec de l'acide nitrique étendu de seize parties d'eau qu'on étend avec du coton ; on ponce de nouveau ; puis la plaque étant parfaitement propre et brillante, on l'expose pendant quelques minutes à la va-

peur d'iode, vapeur qui se produit à la température ordinaire. L'argent se recouvre d'une couche diodure qui n'a pas plus d'un millionième de millimètre d'épaisseur. On place la plaque ainsi préparée dans une chambre obscure, vis-à-vis des objets qu'il s'agit de dessiner. Au bout de quelques minutes, on la retire et on la pose sous un angle de 45 degrés, dans une boîte au fond de laquelle il y a du mercure au fond d'une capsule. On chauffe le mercure jusqu'à 55 ou 62 degrés. Le dessin, jusque-là invisible, apparaît peu à peu par suite de la volatilisation du métal. On retire la plaque qu'on lave à froid avec une dissolution d'hyposulfate de soude, ou à chaud avec du sel marin ; enfin on lave avec de l'eau distillée chaude; la plaque se sèche, et l'opération est finie.

Recette pour faire la Colle forte.

Pour préparer la colle forte, on prend des rognures de peaux, de gants, de parchemins, des sabots et des oreilles de chevaux, de bœufs, de veaux, de moutons, et l'on fait bouillir toutes ces matières dans l'eau. Il y a quelques précautions à prendre : il ne faut pas chercher à cuire au delà de la chaleur qui correspond à l'eau bouillante, sinon on aurait de mauvaise colle. Il est indispensable de n'employer que des matières non putréfiées ; dans l'été, la colle tourne si l'on a employé des matières qui aient éprouvé un commencement de putréfaction. Quand on a fait bouillir trop longtemps, la colle ne forme pas une gelée si épaisse.

Manière de fabriquer le Stuc ou Marbre artificiel.

On se procure du plâtre gâché serré, on l'introduit dans une dissolution de colle forte, et on forme avec ce mélange une bouillie très-épaisse ; cela fait, on incorpore dans sa masse les matières colorantes et les différents oxydes métalliques qui serviront à donner au marbre ses teintes variées. Par le refroidissement on a le stuc que l'on a eu soin d'étendre sous forme de table ou autre.

Ce stuc est presque aussi dur que le marbre naturel ; aussi est-il propre aux mêmes usages.

Procédé chimique pour se réveiller à l'heure que l'on désire ; la chandelle s'allume à l'heure demandée, et une sonnette vous réveille.

Prenez deux litres de vinaigre, 250 grammes de sel de Saturne ; plongez dedans une corde de la grosseur du petit doigt ; faites bouillir un quart d'heure, et laissez sécher la corde ; on place une sonnette avec un ressort attaché à une ficelle bien tendue ; au-dessous on place une bougie, et l'on attache la corde préparée d'autant de pouces que l'on veut qu'elle dure d'heures. L'extrémité de la corde préparée doit donner sur la bougie, au bout de laquelle on a mis un peu de soufre. Quand la corde préparée est consumée, le soufre prend feu, la bougie allume la petite ficelle qui tient le ressort, laquelle en se rompant fait retentir la sonnette qui vous réveille.

Avant de se coucher, on met le feu à l'extrémité opposée de la corde préparée qui sert de mèche.

Préparation de l'Encre double luisante.

On prend 500 grammes sulfate de fer, 1 k. et demi de noix

de galle , pilées grossièrement , 6 kilo. d'eau , 1 kilo. de bois de campêche, 31 grammes de gomme arabique. 16 grammes indigo , 1 kilo. de vinaigre , le tout bouilli pendant deux heures ; pressez et filtrez au papier sans colle, que vous reconnaîtrez en mouillant avec la salive qui passera de l'autre côté. On met dans des bouteilles bien bouchées, afin d'en conserver le lustre.

Autre plus simple.

On prend 500 grammes de noix de galle, 250 grammes de vitriol vert et 166 grammes de bois d'Inde ; on met le tout dans cinq litres d'eau froide de fontaine ; on remue le mélange tous les jours pendant la 1re quinzaine ; au bout de ce temps, on pourra se servir de l'encre en ajoutant à chaque litre , lorsqu'elle sera tirée au clair , 50 grammes de gomme arabique fondue dans un demi-verre de vinaigre. Il faut avoir soin de tenir l'encre toujours bien bouchée.

Encre rouge.

Faites bouillir dans un poêlon en cuivre 120 grammes de bois de Brésil en poudre dans un litre d'eau ; faites réduire cette liqueur ; filtrez et ajoutez-y 5 grammes de gomme arabique en poudre, et quelques pincées de sulfate d'alumine (alun) le rendront d'un rouge plus vif.

Encre bleue.

On peut se la procurer en délayant de l'indigo et du blanc de céruse dans de l'eau gommée.

Encre jaune.

Il suffit de prendre du safran , de la graine d'Avignon, ou de la gomme gutte, toujours délayée dans de l'eau gommée.

Encre verte.

Cette encre se fait avec de la graine de nerprun bouillie dans de l'eau , dans laquelle on fait dissoudre un peu d'alun de roche.

Encre d'argent.

Prenez de l'étain de Malaca 31 grammes, mercure le double de son poids. Mêlez bien ces deux matières pour que tout devienne coulant; broyez-les ensuite sur le porphyre ou sur l'écaille de mer avec de l'eau gommée.

Encre d'or.

On broie des feuilles d'or en livret avec du miel à en faire une pâte parfaitement liée ; on la met dans un verre d'eau pour faire dissoudre le miel, on la change deux ou trois fois jusqu'à ce qu'il n'en reste plus ; on décante alors l'eau, et l'or reste en poudre parfaitement pure ; on fait fondre de la gomme arabique dans de l'eau, on y mêle la poudre d'or que l'on mêle parfaitement en consistance d'encre ordinaire, et on s'en sert comme d'habitude.

Encre de Chine surfine.

On fait l'encre de Chine en broyant du noir de fumée avec de belle colle forte longtemps bouillie dans l'eau ; on y mêle un peu de camphre ou de musc, et l'on façonne cette pâte dans de petits moules, puis on la fait sécher sur la cendre.

Encre pour marquer le linge.

Nitrate d'argent fondu. . . . . . 15 grammes.
Gomme arabique pulvérisée. 20
Vert de vessie. 30
Eau distillée. 62

On dissout le nitrate d'argent et le vert de vessie dans l'eau, et on y ajoute ensuite la gomme arabique en poudre.

On conserve cette préparation dans des flacons bouchés à l'émeri.

On se sert d'une dissolution alcaline ci-après pour mouiller la place sur laquelle on veut écrire; on laisse sécher, on écrit ensuite avec une plume trempée dans la matière colorée.

Dissolution alcaline.

Sous-carbonate de soude. . . . . . 62 grammes.
Eau distillée. 125

On fait dissoudre ce sel dans l'eau, on filtre et on conserve cette solution à part.

Faire revivre l'écriture ancienne ou effacée.

On met cinq ou six petites noix de galle réduites en pou-

dre dans un quart de litre d'esprit de vin; on présente ensuite le parchemin ou le papier dont on veut faire revivre
l'écriture, à la vapeur d'esprit de vin que l'on fait chauffer,
et ensuite on passe sur l'écriture un pinceau ou du coton que
l'on a trempé dans le mélange d'esprit de vin et noix de galle.

Recette pour faire le Cirage anglais.

Noir d'ivoire. . . . . 125 grammes.
Mélasse. 125
Acide sulfurique. 31
Huile d'olive. . . . . · . . . 2 cuillerées.
Vinaigre. . . . . 1/4 de litre.

L'on remue bien dans un vase de faïence vernissé le noir
d'ivoire et la mélasse; l'on y ajoute l'acide sulfurique, en
continuant d'agiter le mélange; enfin l'on y verse l'huile, et
l'on incorpore le vinaigre peu à peu.

Manière de rendre imperméables à l'eau les bottes et les souliers.

Huile d'œillette. . . . . 1 litre.

Suif de mouton. . . . . 250 grammes.
Cire jaune. 180
Résine. . . . . , . . 31

L'on fait fondre le tout dans un vase de terre, et lorsque
cette préparation n'est que tiède, on l'étend sur les bottes et les
souliers avec une brosse, en ayant soin que le cuir soit sec.

Manière de blanchir la paille.

Comme elle est de diverses nuances plus ou moins foncées,
on commence par la blanchir pour lui donner une couleur
uniforme; à cet effet, on l'étend dans un endroit soigneusement fermé, au milieu duquel on allume du soufre. Vingt-
quatre heures suffisent. Pour la bien blanchir pour la rendre
souple sans la tacher, on la met par couches entre deux
grosses toiles mouillées; on la laisse trois ou quatre heures;
au bout de ce temps, elle est suffisamment humectée.

Taffetas anglais (préparation du).

On met 31 grammes de colle de poisson dans 62 grammes

de vinaigre ; après que la colle est bien fondue, on la fait bouillir jusqu'à réduction de moitié ; ensuite on y met 30 gouttes d'essence de girofle ; on enduit le taffetas, avec un pinceau, de trois à quatre couches de ce mélange.

Préparation pour les Toiles imperméables.

Prenez un litre d'huile de lin cuite, 125 grammes de résine élastique ; on les fait bouillir doucement pendant deux heures ; quand la résine est fondue, on y ajoute trois autres litres d'huile cuite, un demi-kilo de poix de résine, un demi-kilo de cire jaune et un demi-kilo de litharge. On fait bouillir le tout ensemble jusqu'à ce que ce soit bien entremêlé ; tandis que le liquide est encore chaud, on en enduit la toile ; elle reste flexible, très-solide et imperméable.

Pâte minérale pour les rasoirs.

Graisse de mouton. . . . . . . 250 grammes.
Cire jaune. 125
Sanguine ou ardoise pulvérisée. . . . 250
Emeri. 125

On fait fondre le suif dans une terrine vernissée, on l'écume et on y met la cire ; une fois que le tout est bien liquide, on y ajoute la sanguine ou l'ardoise pilée, broyée et passée au tamis de soie (si vous mettez la sanguine, la pâte sera rouge ; l'ardoise la rendra noire) ; ajoutez l'émeri bien pulvérisé et rendu en poudre impalpable, ayant soin de toujours remuer ; laissez bouillir ; préparez d'avance une grande feuille de papier pliée sur les bords ; versez et ajoutez un peu d'essence de lavande ou de citron. Coupez en tablettes pour s'en servir sur cuir, papier, etc.

Manière de dorer sur verre à camée.

Il fut un temps où l'on faisait sur verre des portraits à la silhouette. Voici comment on faisait l'application de l'or : après avoir bien nettoyé son verre, l'on y hâle dessus, puis l'on applique l'or. On a trouvé maintenant que l'on obtient plus de solidité et un plus beau bruni en passant avec un pinceau sur le verre un peu d'urine. On laisse sécher ; l'on a ensuite un petit tampon de velours en soie, fait comme un poncis ; on passe légèrement et vous brunirez votre dorure. Ensuite ayez des vignettes en cuivre que vous appliquez autour pour faire un dessin qui encadre soit votre gravure ou votre portrait, même la peinture sur verre qui est détaillée plus loin. Passez une brosse sur votre vignette, afin d'enlever le fond du dessin et bien nettoyer pour qu'il n'y en reste point, vu que cela ferait un sable en mettant un fond.

Peinture exotique nouvellement inventée, par laquelle on peint les fleurs, fruits, oiseaux, poissons, insectes, etc.

MANIÈRE D'OPÉRER.

1° On se sert d'un modèle de fleurs ou de fruits lithographiés ou gravés; on attache une feuille de papier à dessin de même grandeur, saisie par les coins avec des épingles, pour ne pas avoir à craindre que le papier qui doit servir à calquer ne se dérange et ne rende pas d'une manière exacte les traits extérieurs du fruit ou de la fleur. Ces traits reproduits au crayon doivent être repassés à la plume, afin qu'aucun de ces traits n'échappe aux yeux de celui qui doit peindre; tout se doit faire avec soin.

2° On prend un demi-kilo. de cire vierge, la plus blanche et la meilleure; on la fait fondre, et lorsqu'elle est fondue, on y ajoute pour 20 centimes de térébenthine de Venise et gros comme une noix d'eau de rose, le tout refroidi dans un plat, afin qu'on puisse l'enlever comme un pain de cire ordinaire.

3° On prend un fer à passer dont se servent les lingères; à l'aide de ce fer bien chaud, on enduit de cette cire le papier que l'on vient de tracer et qui porte les traits de la fleur; pour faire cela, on place sur une table ou planchette de sapin bien propre le papier que l'on veut enduire, et sans épargner la cire, on en fait fondre une quantité suffisante pour que le papier soit des deux côtés parfaitement imprégné.

4° On attache sur la feuille de papier à dessin (vélin) cette feuille enduite de cire et portant le calque de la fleur ou du fruit que l'on veut faire.

5° On commence alors à découper; on passe un morceau de verre entre le papier ciré et la feuille blanche; on coupe les pétales les plus ombrés les premiers, en tenant son canif un peu couché, afin de mieux couper le papier; ayant découpé tout le contour d'une feuille seulement, on prend de la couleur avec le pinceau, en le mouillant le plus légèrement possible avec la langue, autrement on le mouillerait trop; on passe le pinceau sur le papier ciré, afin de le sécher assez pour pouvoir peindre. On connait qu'il est à son point d'humidité quand , en brossant sur le papier ciré , les poils n'y restent pas marqués, et que la couleur reste sur le papier très-bien fondue ; quand il est trop mouillé , on n'a qu'à le passer sur le papier ordinaire, et il se sèche promptement.

6° On tient son pinceau verticalement, et on décrit des cercles à l'aide desquels on obtient la couleur d'ombre et les teintes nécessaires à la fleur que l'on veut rendre. Toutes les feuilles qui devront être vertes doivent être peintes en jaune avant d'y mettre le vert.

Six pinceaux suffisent pour le genre de cette peinture , et autant de couleurs, savoir : de la laque carminée, de la gomme gutte, du vert de vessie , du bleu de Prusse , terre de Sienne naturelle, et du carmin fin pour les roses et autres de cette couleur.

Il faut se munir de pinceaux connus sous le nom de pinceaux brosses ; ils sont gras , courts de poil , de 4 à 5 lignes en crin , plats du bout et non pointus comme les autres , garnis d'une virole de fer-blanc pour les assujettir à leur manche. Les couleurs sont les mêmes que pour l'aquarelle fine et miellée de Lamberty ou de Chenel.

Procédé pour enlever au bois les vieilles peintures sèches et vernies.

On met dans un litre d'eau 31 grammes d'acide sulfurique ; on aura fait fondre dans l'eau 125 grammes de potasse rouge en pierre ; quand le tout est mélangé, on le passe à chaud avec une brosse un peu rude ; il n'est aucune peinture qui résiste à ce liniment, et le bois n'en est nullement incommodé.

Manière de faire le Sirop d'orgeat.

Prenez amandes douces, récentes et mondées, un kilo et demi; amandes amères, un demi-kilo décoction d'orge mondée et passée au tamis, 3 kilos ; sucre blanc, 3 kilos ; de l'eau de fleur d'orange, 125 grammes ; essence de citron, 3 grammes.

Après avoir préparé la décoction d'orge et mondé les amandes en les laissant tremper six ou huit heures dans l'eau fraîche et non dans l'eau chaude, comme on le fait assez souvent, on pile les amandes dans un mortier de marbre avec une partie du sucre , ce qui est avantageux pour empêcher ou au moins retarder la séparation de la partie émulsive du sirop ; et lorsque les amandes sont réduites en pâte molle, fine et homogène , on ajoute peu à peu en triturant bien la décoction d'orge, en y ajoutant la fleur d'orange et l'essence de citron ; on fait prendre à tout le sirop cinq ou six minutes d'ébullition ; on le passe au travers d'une toile, et quand il est froid, on le met en bouteilles.

Sirop de guimauve.

Prenez 92 grammes de racine de guimauve sèche , que vous laverez à plusieurs reprises pour bien emporter toute la terre ; ôtez-en la première écorce , en ratissant légèrement ; fendez et coupez par morceaux ; faites bouillir dans quatre litres d'eau pendant sept ou huit minutes seulement , parce que la racine de guimauve, en bouillant plus longtemps, formerait un mucilage capable de gâter votre sirop ; passez cette décoction dans un linge serré , et faites-y fondre deux kilos de sucre par litre ; clarifiez ce mélange aux blancs d'œufs, écumez-le avec soin ; faites-le cuire au petit perlé ; alors retirez promptement du feu le sirop, laissez-le refroidir et mettez en bouteilles.

Fait de cette manière, votre sirop aura la saveur de la guimauve ; il en aura aussi les qualités émollientes. Le sirop de guimauve que l'on vend dans les boutiques est plus agréable parce que les pharmaciens et les confiseurs n'y emploient que les fleurs au lieu de la racine ; mais il n'a aucune propriété.

Manière de faire le Savon fin pour la barbe.

On prend un demi-kilo de savon blanc que l'on râpe sur une râpe de fer-blanc : on le met fondre sur le feu dans un demi-kilo d'eau de pluie, ayant soin de le remuer continuellement jusqu'à ce qu'il soit fondu ; quand c'est bien mêlé, on met dans un peu d'esprit de vin de l'essence de bergamotte que l'on mêle bien avec le savon liquide , puis on le moule dans des moules en plâtre dont nous donnons la recette ci-après.

Faire le Savon à la rose.

On procède comme ci-dessus, et l'on ajoute cinq à six gouttes d'essence de rose dans l'esprit de vin. On colore avec des acides minéraux, autrement les couleurs seraient décomposées ;

pour le rose, on met du cinabre en poudre fine et tamisée; on le met quand le savon est bien fondu. On peut le colorer aussi avec le précipité pourpre de Cassius, mêlé avec de l'oxyde de manganèse en poudre fine : il sera facile de lui donner toutes les couleurs en employant les oxydes ; il en est de toutes sortes.

Savon jaune.

On procède de la même manière que ci-dessus, et on ajoute le parfum que l'on veut ; on le colore jaune avec l'oxyde de chrome et du minium.

Savon vert.

Il ne diffère pas des autres ; seulement on le colore avec de l'oxyde de chrome et de l'oxyde de cobalt; on lui donne le parfum que l'on veut.

Pâte économique pour blanchir les mains.

Faites bien cuire des pommes de terre les plus blanches et les plus farineuses que vous pourrez trouver ; pelez-les, écrasez-les bien et délayez-les avec un peu de lait : la pâte d'amandes n'est pas meilleure.

Pommade pour les lèvres.

Prenez 31 grammes d'huile d'amandes douces tirée sans feu, et 5 grammes de suif de mouton fraîchement tiré ; ajoutez-y un peu d'orcanette pour donner de la couleur, et faites cuire le tout ensemble : au lieu d'huile d'amandes, on peut se servir d'huile de jasmin ou toutes autres fleurs.

Pastilles à parfumer les appartements.

Prenez un demi-kilo de charbon de boulanger bien pilé et tamisé fin, 50 grammes de benjoin, 10 grammes de storax, 10 grammes de baume du Pérou ; puis avec de l'eau de gomme on fait une pâte du tout, que vous diviserez.

Dépilatoires.

Les cheveux poussent quelquefois d'une manière bizarre : tantôt ils s'avancent sur le milieu du front en toupet, tantôt ils descendent le long des oreilles en manière de favoris comme aux hommes, tantôt aussi ils s'étendent sur la nuque où ils forment une sorte de collet. Tous ces accidents ont un effet désagréable et ridicule. Couper ces cheveux les rend plus épais et plus forts, les arracher est impossible, les dépiler est quelquefois dangereux. Voici les dépilatoires les plus en usage.

L'eau de chaux vive distillée est un excellent dépilatoire. On imbibe une plume de cette eau, on la passe légèrement sur les endroits dont on veut faire tomber les cheveux, et on a soin ensuite de les frotter avec un peu de pommade pour empêcher la trop grande action du caustique.

Autre.

Prenez 30 grammes d'orpiment jaune qu'on coupe avec égale quantité de chaux vive qu'on applique un instant sur la peau; s'enfermant dans une étuve, elle produit le même effet dans quelques minutes.

Pour teindre bruns ou noirs les cheveux roux.

Prenez 250 grammes de litharge d'or, 125 grammes de chaux vive, 62 grammes de charbon de bois, le tout bien pulvérisé et mélangé avec environ la moitié formée en onguent au moyen d'eau chaude; une heure après, on s'en frotte les cheveux. Pour que l'onguent reste humide dans les cheveux, on les couvre avec une fine toile cirée, on les lie avec un mouchoir et on lave le tout après deux heures avec de l'eau tiède au lieu de savon. On se sert de quelques jaunes d'œufs, qui produisent dans les cheveux la plus belle écume. Si les cheveux doivent être teints en noir, on les laisse trois heures.

Remède contre les maux de dents.

Qu'on prenne du poivre pilé et qu'on l'éparpille entre un morceau de toile de la grandeur de quelques mains; qu'on le mouille avec de l'eau-de-vie forte, et le place ensuite sur la joue sous laquelle est le siége des douleurs.

Mais, si les dents sont creuses, qu'on trempe un fil d'archal dans l'acide muriatique, et qu'on laisse tomber la goutte qui y est suspendue dans la dent, ce qui aussitôt calme la douleur, et, par un usage répété, fait mourir les nerfs souffrants.

Poudre dentifrice.

Mêlez ensemble 15 grammes de sucre tamisé, 8 grammes

de kina gris en poudre, 4 grammes de crème de tartre insoluble, 16 grammes de poudre de charbon tamisé, et 7 grammes de cannelle.

Cette poudre convient surtout aux gens dont les gencives sont molles et saignent facilement.

Poudre de corail pour les dents.

Prenez deux douzaines d'os de sèche, une brique bien rouge et bien friable, un demi-kilo de laque plate, 250 grammes de laque carminée, 62 grammes de girofle, 51 grammes de cannelle, 31 grammes de coriande et 31 grammes de bois de Rhodes. Pilez tous ces ingrédients, et les passez au tamis de soie.

Eau dentifrice.

Prenez : eau-de-vie à 21 degrés, 128 grammes ; sous-carbonate de potasse (sel de tartre), 2 grammes ; teinture de girofle et de cannelle, de chacune 20 gouttes. Mêlez exactement, afin que la potasse forme une sorte de savonnule avec les principes huileux volatils. Le repos rend cette liqueur claire. On la mêle à quatre fois son volume d'eau, pour se nettoyer la bouche et les dents ; elle prévient leur carie et enlève les douleurs.

La quintefeuille pilée, et dont vous faite tiédir le jus, est un excellent topique pour le mal des gencives.

Moyen de corriger une mauvaise haleine.

Pour corriger une mauvaise haleine, prenez, le soir en vous couchant, un morceau de myrrhe gros comme une noisette, et laissez-le fondre dans la bouche.

Un morceau d'iris de Florence, ou d'alun fondu dans une cuiller, enfin un clou de girofle, du cachou, du macis, du tabac, etc., peuvent remplacer la myrrhe avec succès.

Si la mauvaise haleine provient des gencives, frottez-les avec de la quintefeuille que vous aurez pilée et dont vous aurez fait tiédir le jus. Si elle provient du nez, vous en paralyserez l'effet par des injections adoucissantes et aromatiques, ou bien en prenant une poudre composée de 50 grammes de suc de menthe et de 60 grammes de suc de rue que vous mêlerez ensemble ; ou bien encore des feuilles de marrube réduites en poudre, des bains fréquents, le changement réitéré de linge, enfin la plus grande propreté.

Si l'on soupçonne que l'odeur est due à des eaux retenues dans les glandes sublinguales ou thyroïdes, on emploie la cannelle, l'iris ou la pyrèthre que l'on mâche longtemps. Enfin des pastilles de charbon font disparaître pour toujours des fétidités d'estomac qu'on regarde quelquefois comme incurables.

Eau de Cologne de Jean-Marie Farina.

On met dans un litre d'esprit de vin à 55 degrés gros comme une noisette de benjoin et 6 grammes de semence de petite cardamome; on les laisse infuser 48 heures; ces matières étant susceptibles de troubler la liqueur, on la clarifie avec du noir d'ivoire, environ 15 grammes par litre; on secoue bien la liqueur; on la laisse reposer, et on la filtre avec du papier non collé sur un entonnoir.

Ajoutez les essences suivantes :

De Bergamote.	6 grammes.
De Romarin.	3
De Citron.	8 grammes.
D'Orange.	5
Nérolli.	12 gouttes.
D'Anis.	2
De Lavande.	5 grammes.
De Girofle.	2 gouttes.

On secoue le tout ensemble, et on filtre de nouveau.

Autre eau de Cologne plus simple.

Alcool à 52 degrés.	1 litre.
Essence de Citron et de Bergamote. . .	8 grammes.
De Cédrat.	4
De Lavande.	2
De fleur d'Orange.	10 gouttes.
De Benjoin.	12 grammes.

Moyen de guérir les cors.

Un médecin distingué de Paris, M. A. Donné, prenant souci des petits maux qui causent souvent de grandes douleurs, indique pour guérir les cors aux pieds, dont il a fait

2

une étude spéciale, le procédé suivant, qui lui a, dit-il, réussi dans toutes ses expériences :

« Une pierre ponce taillée en forme de lime et trempée dans de l'eau de potasse ; on se sert de cette lime ainsi humectée pour pratiquer des frictions sur le cor, et l'on voit ses différentes couches se détacher successivement comme une bouillie, jusqu'à ce que l'on soit parvenu au point sensible par lequel il est uni à la peau. On est alors averti par une petite sensation de picotement qu'il faut s'arrêter. En répétant de temps en temps cette manœuvre parfaitement innocente, on ne laisse jamais venir la douleur que fait éprouver le cor, bien moins par lui-même que par la pression qu'il exerce sur les parties sensibles dans lesquelles il tend à s'enfermer. L'eau de potasse n'attaque pas les parties environnantes sur lesquelles on ne fait pas agir la lime. »

Remède contre la goutte.

Le docteur Marc, médecin du roi, a communiqué à M. A. Chevalier, chimiste près la préfecture de police, la méthode qu'il emploie contre la goutte. Il fait prendre à ses goutteux comme préservatif, deux ou trois fois par mois, 15 grammes de magnésie calcinée dans un peu d'eau ; il fait boire par-dessus un demi-verre de limonade.

Cette médicamentation est un très-doux purgatif qui, sans prévenir les accès d'une manière absolue, en diminue la fréquence et les rend fort bénins.

Lorsque les accès commencent à se déclarer, il fait prendre chaque jour 15 grammes de magnésie calcinée, et s'il y a douleur, rougeur ou tuméfaction, il fait envelopper la partie malade d'un morceau de flanelle saupoudrée de magnésie ou de carbonate de chaux enveloppé de taffetas gommé.

Procédé pour dorer le fer, l'acier et le cuivre.

On racle le fer ou cuivre bien légèrement avec de la pierre ponce ; on le met chauffer jusqu'à ce qu'il soit d'un bleu bien léger ; on applique l'or en feuilles et on ravale légèrement avec un brunissoir ; on remet sur le feu, et l'on renouvelle cette opération trois ou quatre fois, suivant la dorure que l'on veut obtenir, et on brunit bien quand la pièce est froide.

Procédé pour dorer le plomb, l'étain, le fer-blanc.

Prenez poix de résine 1 kilo, huile de térébenthine 125 grammes, et un peu de résine ; fondez le tout sur un feu doux pour en faire un vernis que vous appliquez avec un pinceau ; on y applique aussitôt les feuilles d'or ou d'argent, qui s'y appliquent très-solidement.

Blanchir les pièces de laiton sans argent.

On remplit un vase en fer aux trois quarts d'eau, et on ajoute 30 grammes de crème de tartre par 750 grammes (3|4 kilo.) d'eau ; quand le tout a bien bouilli, que le tartre est fondu, on y met de l'étain de Malaca, laminé ou en rubans, de manière à ce qu'il se dissolve promptement, et, au bout d'un quart d'heure d'ébullition, on y met les pièces à blanchir, que l'on a décapées à l'eau seconde et essuyées ; on laisse ces pièces jusqu'à ce qu'elles soient bien blanchies ; à mesure que l'eau s'évapore on en remet d'autre avec de la crème de tartre, car le blanchiment ne durerait pas longtemps : cette eau sert très-longtemps quand on a soin de l'alimenter.

Procédé pour bien argenter le cuivre.

On prend 10 grammes de précipité d'argent, 6 grammes de sel de tartre, 6 grammes de sel blanc, le tout en poudre fine ; on y ajoute une très-petite quantité de sulfate de fer, et on frotte avec ce mélange la pièce à argenter, que l'on humecte auparavant avec un peu d'eau ; puis on la sèche avec un morceau de laine : il faut bien laver la pièce avant de l'essuyer.

Argenter l'ivoire.

On laisse tremper l'ivoire dans une dissolution faible de nitrate d'argent ; l'ivoire se colore peu à peu en jaune ; on le tire alors et on le plonge dans de l'eau bien pure, et on expose le vase au soleil, dont l'action rend l'ivoire noir au bout de quelques heures ; en le frottant, il devient très-brillant. Il faut user avec beaucoup de précaution de nitrate d'argent, car c'est un violent poison ; l'ivoire, par ce procédé, est argenté d'une manière très-solide.

Argenter les rubans.

On dessine le ruban en se servant de pinceau ou plume

neuve trempée dans du nitrate d'argent dans lequel on a mis un peu de gomme arabique, afin que ce ne soit pas si coulant ; on laisse sécher quelques instants, et on place l'endroit où l'ou dessine au-dessus d'un vase dans lequel on a mis du zinc et de l'acide sulfurique; après quelques instants, l'argent se réduit et adhère fortement à l'étoffe.

Donner à l'étain l'apparence de l'argent.

Faites fondre parties égales de cuivre fin et d'étain doux ; on y ajoute égale partie de bismuth et d'antimoine, puis on broie le tout avec un peu de résine, de sel ammoniac et de térébenthine ; on le met en boules et on le fait sécher à l'air; la poudre de ces boules répandue sur l'étain fondu lui donnera la couleur et la dureté de l'argent, dont on aura peine à le distinguer.

Graver sur le fer, l'acier, etc., etc.

On fait chauffer une lame de couteau, de sabre ou de tout autre objet d'acier sur lequel on veut graver. On frotte cette lame avec de la cire, de manière à ce qu'il en reste une couche bien unie et le plus mince possible. On écrit sur la cire avec une plume, de manière à pénétrer jusqu'à l'acier ; on verse sur la gravure un peu de vinaigre qu'on saupoudre de sublimé corrosif ; de cinq à dix minutes après, suivant que l'on veut que la gravure soit profonde, on expose la lame à la chaleur pour enlever la cire, et l'on aperçoit bien distinctement la gravure sur la lame.

Ciment des orfèvres, des graveurs, etc.

Il est composé de briques, de chaux vive et de mâche-fer, broyés ensemble et liés ensuite avec de l'eau.

Mastic résistant à l'eau et au feu.

On fait cailler légèrement du lait avec du vinaigre ; on sépare le caillé à froid du liquide, et on le mêle aussi bien que possible avec du blanc d'œuf que l'on a bien battu ; on ajoute à ce mélange de la chaux vive en poudre pour en faire une pâte assez dure, et on l'emploie aussitôt. Ce mastic a l'avantage de se mettre au feu sans se fondre, et à l'eau sans en retirer l'humidité ; on peut s'en servir avec avantage pour les marbres des poêles, des cheminées, etc.

Mastic pour conduits en métal.

On fond du suif et on met dedans de la chaux vive en poudre jusqu'à consistance de mortier ; on en met sur de la filasse, et on lie bien autour du tuyau : ce mastic ne craint pas l'humidité, et il est dur comme une pierre.

Mastic pour rejoindre la porcelaine cassée.

Prenez une tête d'ail bien pilée et écrasez-la bien soigneusement pour en faire une espèce de gomme ; on en frotte les morceaux cassés, et on les réunit en les serrant fortement ; on les lie avec du fil de fer, suivant la force de la pièce, et on la fait bouillir dans une quantité suffisante de lait pendant une demi-heure. Après cette opération, la porcelaine sera parfaitement recollée, et sans que l'ail qui a servi ait communiqué son odeur à ce que l'on peut mettre dedans.

Colle excellente pour les cristaux, le verre,
la faïence, etc.

On fait dissoudre dans de l'esprit de vin de la colle de poisson ; on y met un tiers de son poids de gomme ammoniaque, on fait dissoudre le tout au bain-marie ; on connaît que la matière est assez forte quand en en faisant tomber une goutte elle devient très-solide en refroidissant. On met les morceaux à coller dans de l'eau chaude ; on étend la colle sur les parties séparées ; on les tient bien serrées, en trempant le tout dans l'eau froide et en le serrant toujours. On tient cette colle dans une bouteille ; pour s'en servir, on la met dans l'eau chaude.

Vernis pour les moules en plâtre, de manière à ce qu'ils ne se fendent ni ne s'écaillent en coulant des matières dures, comme cuivre, fonte, etc.

On prend du savon vert, de l'essence de térébenthine que l'on met fondre ; on met une gousse d'ail dans un linge et autant de litharge d'or dans un autre, et on laisse cuire le tout pendant une couple d'heures. On passe ce vernis sur les moules en plâtre, qui ont été mis un jour dans un four de boulanger. On les remet encore de manière que le vernis durcisse, et on en passe deux ou trois couches en les mettant toujours dans le four. On peut couler dessus sans crainte de les détériorer.

Enduit moins dur pour mouler le plâtre.

On fait fondre du savon vert dans de l'eau, près du feu ; on en passe avec un pinceau sur les moules, et on les fait sécher dans un four ; on passe trois ou quatre couches, et on les met toujours sécher de la même manière ; avant de mouler, on y passe de l'huile fine avec un pinceau.

Pour dorer le plâtre.

On fait une colle avec de l'amidon et de la colle de Flandre, en consistance de bouillie, et on en passe au pinceau sur les parties à dorer ; l'or s'y attache facilement.

Pour dorer le marbre.

On prend du bol d'Arménie, le plus fin possible, on le broie à l'huile de lin siccative ; on en passe sur l'endroit à dorer, et avant que ce soit sec on y met l'or qui s'y adapte d'une manière inséparable.

Procédés pour faire les vernis blancs à l'alcool n°ˢ 1, 2, 3.

Sandaraque.	250 grammes.
Mastic en larmes.	64
Résine élémi.	52
Térébenthine.	64
Alcool à 33 degrés.	1 litre.

On met les gommes et résines dans une bouteille au bain-marie jusqu'à ce qu'elles soient dissoutes, et on ajoute la térébenthine ; quand le tout est reposé, on le tire au clair. On emploie ce vernis à l'intérieur des appartements, pour le bois, tapisserie, etc. On distingue deux autres vernis sous les noms de n° 2 et n° 3 ; ils ne diffèrent de celui-ci qu'en remplaçant, pour le n° 2, la résine élémi par le double de galipot ; et pour le n° 3, le galipot remplace également le mastic ; et de plus la térébenthine que l'on emploie dans ces deux derniers est celle de Bordeaux. Ces derniers vernis sont moins beaux que le n° 1, et moins solides ; on les réserve pour les objets moins soignés.

Vernis des ébénistes.

Gomme laque blonde, 85 grammes ; alcool à 35 degrés, 1

litre. On opère la solution à froid dans une bouteille, ayant soin de remuer souvent; les ébénistes l'emploient sans le filtrer.

Vernis à décalquer sur verre et sur bois.

Sandaraque.	250 grammes.
Mastic en larmes.	64
Galipot en larmes.	125
Térébenthine de Venise.	250

Ce vernis sèche lentement; il doit être préparé avec soin et filtré, afin qu'il ne ternisse pas les lithographies sur lesquelles il se met. On met ces substances dans une bouteille; on les met au bain-marie en les remuant jusqu'à solution parfaite.

Vernis pour la dorure.

Gomme laque en grains.	125 grammes.
Gomme gutte.	125
Sang de dragon.	125
Roucou.	125
Safran.	52

On fait fondre à froid chaque résine dans un litre d'alcool; on fait deux teintures séparées, le sang de dragon et le roucou dans un litre, la gomme gutte et le safran dans un autre. On les conserve ainsi; on les mêle au moment de s'en servir, afin de pouvoir varier les nuances à volonté.

Vernis au copal.

Copal dur.	500 grammes.
Huile siccative.	250
Essence de térébenthine.	500

On dissout ces trois substances dans des vases séparés; on fond le copal; on fait chauffer l'huile siccative prête à bouillir, et on ajoute peu à peu au copal fondu, ayant bien soin de remuer afin de favoriser la combinaison. Quand l'essence est toute mélangée, on mélange l'essence avec autant de précaution. Il en est d'autres qui préfèrent la térébenthine avec le copal; cela est vrai, elle se dissout plus facilement. Il ne faut pas le faire sur le feu, afin d'éviter l'inflammation, qui deviendrait fort dangereuse.

Vernis qui seche en deux heures.

Dans deux litres d'esprit de vin faites fondre au bain-marie 313 grammes de gomme laque, 250 grammes de sandaraque et 93 grammes de sang de dragon; quand le tout est bien dissous et reposé, on le tire au clair et on le met en bouteilles ; il faut que l'esprit de vin ait 56 degrés , ce qui est facile en en distillant à 53 degrés, ou bien la première eau-de-vie qui sort d'une chaudière.

Pour purifier l'huile de lin et la rendre bien siccative.

On met dans deux litres d'huile de lin 62 grammes de litharge d'or dans un nouet en toile avec 62 grammes de limaille de plomb ; ensuite on y ajoute deux ou trois gousses d'ail et un morceau de croûte de pain bien grillée : on met le tout sur le feu pendant cinq ou six heures ; on le retire et on le met au clair dans une bouteille pour s'en servir au besoin.

Vernis imitant l'écaille.

Huile grasse. . . . . . . 1 kilo 500 grammes.
Copal. . . . . 750 grammes.
Essence de térébenthine. 750
Térébenthine fine. 750

Ce vernis est long à sécher ; il se polit avec la pierre ponce.

Vernis jaune d'or.

Résine laque en grains ; sang de dragon en roseau ; roucou et gomme gutte, de chacun 125 grammes ; safran gâtinais, 125 grammes ; alcool, 5 kilogrammes. On l'applique sur bois métaux et cuirs.

Manière de souder l'acier fondu au fer, ou l'un à l'autre.

On met dans un creuset en grès 100 grammes de borax , 10 grammes de sel ammoniac et 50 gouttes ou environ d'esprit de vin. On met le creuset sur le feu à une forge, et l'on fait chauffer le tout jusqu'à ce que ce soit bien fondu ; on le connaît quand il ne reste aucun grumeau dans le creuset, et que la vitrifaction est claire et transparente, ce qui arrive au bout de quinze à vingt minutes ; alors vous coulez la matière sur une tôle en l'inclinant. Après la fusion, vous changez la matière de place, et l'action du froid vous la rendra en petits morceaux et propre à l'usage. Il faut prendre garde de la laisser plus longtemps ; elle perdrait sa qualité. Après avoir ployé un morceau d'acier fondu en deux, on passe la lime sur les deux côtés et en dedans où l'on veut souder, afin d'enlever la crasse qui s'y est formée ; on prend un morceau de la composition, et on l'étend avec le bout de la lime ; elle fond aussitôt ; quand les parties à souder sont couvertes de cette matière, on rabat bien tout au tour afin d'ajuster les deux parties le mieux possible, et on le met au feu ; aussitôt passé rouge-cerise, on le bat sur l'enclume, ayant soin de donner les premiers coups de marteau sur l'amorce et promptement, ensuite partout, afin que la soudure prenne bien. On peut en faire tout ce que l'on veut, la soudure ne manque jamais.

Nouvelle trempe pour le fer qui le rend dur comme l'acier en le trempant seulement dans l'eau.

On prend 34 grammes de prussiate de potasse, 7 grammes de sel ammoniac, et 45 grammes d'os brûlés blancs ; on broie le tout séparément, puis on le met ensemble ; il suffit, quand le fer est rouge, de prendre de cette poudre et de passer un tampon, puis de le remettre au feu et de le plonger dans l'eau fraîche ; on répète cette opération plusieurs fois, afin de rendre le fer plus dur. L'eau dans laquelle on a trempé le fer se conserve ; plus elle vieillit, meilleure elle devient.

Tremper des pièces minces sans qu'elles se voilent.

On les trempe dans de l'eau tiède ; on a mis dessus autant d'huile que l'épaisseur de la pièce à tremper ; ayant attaché la pièce sur un croisillon avec du fil de fer ou toute autre forme de support, suivant la pièce à tremper, on fait rougir le tout, et on plonge sa pièce horizontalement dans l'eau.

Tremper les burins très-dur pour tourner l'acier fondu.

Il suffit, quand ils sont rouge-cerise, de les plonger dans du mercure, sans leur donner de recuit : cette trempe n'est pas bonne aux outils sur lesquels on est obligé de frapper.

Pour adoucir tous les fers et aciers.

On les met dans une boîte de fer entre deux couches du mélange suivant : on pulvérise et mêle parties égales de charbon de bois, de limaille de fer et de cendres ; on tient la boîte au feu pendant une heure, et on la laisse refroidir.

Pour empêcher le fer-blanc de se rouiller.

On trempe les pièces à conserver dans de l'eau de chaux un petit instant, ou on les saupoudre de chaux vive bien pulvérisée, et l'on enveloppe dans du papier.

Pour conserver l'éclat des armes.

On frotte les armes avec de la moelle de cerf, ou bien on détrempe de la poudre d'alun de roche dans du vinaigre le plus fort possible : l'on passe partout avec un chiffon de laine et on l'essuie légèrement.

Pour transformer le fer en cuivre.

Le fer se change aisément en cuivre par le vitriol. On met dans un creuset un lit de vitriol en poudre, un lit de fer de manière à remplir le creuset, ayant soin d'arroser ces lits avec du vinaigre très-fort empreint de salpêtre, de sel alcali et de tartre avec du vert-de-gris.

Pour faire le melchior argental.

On met dans un creuset : cuivre, 55 parties ; nickel, 23 parties ; zinc, 17 parties ; fer, 5 paties, et 2 parties d'étain. Ce métal imite parfaitement l'argent, est aussi dur et ne casse pas, comme la composition connue sous le nom de métal d'Alger.

Nouvelle découverte pour percer le fer.

On dispose un bâton de soufre dans la forme que doit avoir le trou, ovale ou carré, etc. ; il suffit de chauffer la pièce au rouge-blanc, de saisir le bâton de soufre par un bout et de l'appuyer à la place où doit être le trou ; dans cette opération, il coule un sulfure de fer.

Pour bronzer le cuivre.

On prend du vinaigre fort, 1 litre ; vert minéral, 15

grammes ; terre d'ombre , 15 grammes ; sel ammoniac, 50 grammes ; comme arabique, 15 grammes ; graine d'Avignon, 60 grammes ; sulfate de fer, 15 grammes.

On fait fondre les sels et les gommes dans une partie du vinaigre , et on mêle le tout dans un vase solide ; on y ajoute la graine d'Avignon et 93 grammes d'avoine verte ; ensuite l'on fait bouillir le tout un quart d'heure, et on le filtre au papier gris ; on l'applique sur la pièce sur une petite brosse , ayant soin de la tenir toujours humide ; quand le bronze est bien pris partout , on la passe dans de l'eau froide et on la fait sécher dans la sciure de bois ; on fonce la pièce en mettant dans un verre d'esprit de vin 8 grammes de noir de fumée.

Autre bronze moins vert.

On prend du vinaigre fort, 1 litre ; sel ammoniac, 50 grammes ; alun , 15 grammes ; arsenic , 8 grammes ; on mêle le tout ; quand la dissolution est achevée, on s'en sert comme ci-dessus.

On peut encore faire un léger bronze en mettant dissoudre du sel ammoniac dans le vinaigre, et en s'en servant comme il est dit plus haut.

Pour ôter aux tonneaux le goût de moisi.

La vapeur du chlore ou les solutions de chlorure de chaux, de soude ou de potasse , ont la propriété de les désinfecter entièrement , ainsi que la chaux vive. Ainsi on peut prendre 1 kilo de chaux dans 25 litres d'eau , que l'on bat bien dans la barrique ; il faut avoir soin de rincer et de mécher avant de mettre le vin.

Pour ôter le goût aigre aux barriques.

On met un quart d'eau dans la barrique ; on fait rougir des cailloux que l'on jette dans la barrique , ayant soin de bien remuer ; on répète cette opération suivant le besoin.

Pour ôter le goût de moisi au vin.

On soutire le vin dans un beau temps ; il faut surtout que les vents soient nord ; on le met dans une barrique fraîchement vide et de bon goût ; on fait brûler une mèche dedans ; on y jette de bonne lie nouvelle et 60 grammes de noyaux de pêche pilés ; on a soin de remuer la barrique tous les jours , afin qu'il ne puisse reposer ; au bout de quinze jours, on le laisse clarifier, et on le soutire dans une bonne barrique que l'on mèche auparavant.

Corriger le vinaigre et le moyen de le guérir.

On fait bouillir un picotin d'orge dans quatre litres d'eau, et on le réduit à moitié ; on passe à travers un linge et on le met dans la barrique, ayant soin de bien la fouetter. Si le vin était sur la lie, il faudrait le soutirer auparavant. Au bout de quinze jours, par un beau temps, on le soutire ; il est bon de le couper avec d'autre vin plus fort en esprit, afin qu'il ne retourne plus à l'aigre ; il faut l'employer le plus tôt possible, car il n'est pas de remède pour le guérir parfaitement

Pour adoucir un vin vert.

On y met par barrique deux kilos de miel que l'on a fait fondre dans du vin, en y ajoutant du tartre en poudre ; on le fouette avec des œufs, jaune, blanc et coquille, le tout mêlé.

Pour ôter le goût de fût au vin.

On tire au clair et par un temps sec le vin fûté ; on le met avec de la lie fraîche dans une autre barrique de bon goût ; on couvre la bonde de la mie d'un pain chaud sortant du four, où on a mis quelques clous de girofle et de la cannelle ; on la laisse ainsi cinq heures ; au bout de ce temps, on le fouette, et on le met en bouteilles quand il est clair.

Pour arrêter la pousse du vin.

Il est plusieurs manières d'arrêter la pousse du vin ; les uns soutirent le vin dans des barriques fortement imprégnées d'acide sulfureux au moyen de plusieurs mèches soufrées ; les autres ajoutent un millième de sulfate de chaux au vin ; il paraît que l'on réussit encore en mettant 250 grammes de semence de moutarde.

Vin passé à l'amer.

Le meilleur moyen de remédier à ce défaut consiste à mélanger avec ce vin autant de vin analogue, ayant soin de le mettre au clair et de le mécher.

Remède contre le vin tourné.

On le fouette avec des jaunes d'œufs, blanc et coquille ; s'il est vert, on bat bien les œufs et on y met une poignée de sel pour le rendre plus sec , avec 125 grammes de noir animal et 62 grammes d'acide tartrique que l'on pulvérise ; on le fouette bien, et on ajoute un litre d'eau-de-vie ou d'essence de Médoc , si le vin en vaut la peine.

Remède contre le vin blanc gras.

On le soutire s'il est sur lie ; on le fouette avec des blancs d'œufs et la coquille (on prend toujours douze œufs par barrique) ; on y ajoute deux poignées de sel et deux bouteilles d'eau-de-vie ; on fait rougir du sable de mer ou des coquilles d'huître calcinées, 1 kilogramme ; ayant mis tout cela dedans, vous la fouettez longtemps, afin de bien briser le vin ; au bout de quinze à vingt jours, on le soutire.

On se sert aussi avec avantage de la colle de poisson pour clarifier le vin blanc.

Oter la couleur jaune au vin blanc.

Quand il aura été soutiré, on le fouette avec des blancs d'œufs ou de la colle de poisson , et on y ajoute un litre de lait écrémé et bouillant , ayant soin de refouetter dessus le lait, et on le soutire au bout de quelques jours, puis on le met en bouteilles.

Pour ôter les mauvaises odeurs au vin.

Il faut mettre dans un petit sac une bonne poignée d'ache de jardin, et le mettre dans un tonneau ; laissez-le huit jours au moins, et le retirez.

Préparation de la colle pour clarifier et coller la bière, le vin, etc., etc.

On prépare la colle comme il suit : on prend 62 grammes de colle de poisson en feuilles, que l'on coupe bien menu et que l'on met dans un verre d'eau froide en été et tiède en hiver ; au bout de vingt-quatre heures, si la colle est de bonne qualité, elle doit se pétrir facilement ; autrement on la laisse jusqu'au lendemain, et quand vous voyez qu'elle peut se pétrir, vous la triturez bien entre vos mains, de manière à en faire une pâte que vous brisez et rebrisez jusqu'à ce qu'elle soit bien liante et qu'il ne reste aucun grumeau : il ne faut pas jeter l'eau où elle a trempé, elle vous sert à amollir la pâte. Quand elle est bien broyée, on la met dans un grand plat, et l'on y ajoute le reste d'eau en la délayant avec une cuiller le mieux possible ; elle devient une bouillie que l'on allonge en mettant 6 litres de vin blanc, le meilleur possible ; en le remuant toujours, ça doit avoir consistance de gelée de viande. On la met dans des bouteilles pour servir au besoin; elle sert en en mettant un demi-litre dans une barrique de vin blanc, bière, eau-de-vie, etc., etc.

Procédé pour faire le vin de Malaga.

On prend seize bouteilles de vin blanc et vieux, 2 kilos de sucre en poudre, 8 grammes de cachou, 15 grammes de fleurs de carthame, 4 kilo de véritables raisins secs de Malaga, pilés comme une jatte de beurre; faites bouillir tout ensemble une minute seulement; quand c'est froid, on lui donne la couleur, et on filtre à la chausse; on le met dans un tonneau goudronné, afin qu'il en prenne le goût.

Vin de Lacryma-Christi.

Prenez 25 litres de bon vin rouge, 250 grammes de coriande, 4 kilo de sucre, 60 grammes de fleurs de pavots, 125 grammes de safranum, 4 grammes de cachou ; on fait bouillir le tout une seule minute ; quand cela est froid, on y ajoute 625 grammes d'esprit de vin, et on filtre ; mettez en bouteilles cachetées.

Vin muscat de Frontignan.

Prenez seize bouteilles de bon vin blanc vieux et sec, 1 kilo de sucre, 500 grammes de raisins muscats secs, 4 grammes de noix muscade râpée, 4 gros de fleurs de sureau, le tout bien délayé et bien infusé huit jours ; on y ajoute un demi-litre d'esprit de vin ; on filtre et on met en bouteilles.

Vin de Madère.

Prenez seize bouteilles de bon vin blanc, 4 kilo de sucre,

1 kilo de figues sèches, 60 grammes de fleurs de tilleul , 4 grammes de rhubarbe orientale , 1 décigramme d'aloès suçotrin ; on fait bouillir le tout une minute et on filtre ; mettez en bouteilles.

Vin de Champagne mousseux fait avec du vin blanc, quel qu'il soit.

La manière est absolument la même que pour l'eau de Seltz, excepté qu'il ne faut que 2 grammes d'acide tartrique, et que l'on peut ajouter 4 grammes de sucre candi blanc bien pur en poudre. Par des essais on apprendra à appliquer pour le mieux ce moyen à la nature du vin.

Eau de Seltz.

Vous emplissez d'eau 1 bouteille où vous avez à l'avance adapté un bouchon qui bouche bien ; versez dans la bouteille 4 grammes d'acide tartrique en poudre et 4 grammes de bicarbonate de soude que vous introduisez dans la bouteille ; bouchez avec promptitude et solidité ; couvrez le bouchon d'un morceau de toile que vous ficellerez autour du goulot ; au bout de cinq minutes, vous pouvez la boire ; on peut la garder en ficelant la bouteille comme pour le vin de champagne. Il est essentiel pour la bonne réussite que le bi-carbonate soit de bonne qualité, et non réduit par le contact de l'air à l'état de simple carbonate.

Cire pour cacheter les bouteilles.

On compose cette cire avec 1 kilogramme de poix résine , 500 grammes de poix de Bourgogne , 250 grammes de cire jaune , ou 90 grammes de suif, et 125 grammes de mastic rouge ; on fait fondre le tout dans un vase sur le feu ; on agite avec une spatule de bois jusqu'à ce que le tout soit bien fondu et mélangé ; cette quantité suffit pour goudronner 300 bouteilles.

Lorsqu'on veut nuancer la couleur, on ajoute des couleurs en poudre commune.

Pour faire revenir à la raison un homme ivre.

Faites boire à la personne ivre acétate d'ammoniac, à la dose de 36 gouttes dans un verre d'eau froide.

Pour s'empêcher de tomber en ivresse.

On prend du suc de chou blanc, du suc de grenades aigres, de chacun 62 grammes, et du vinaigre 31 grammes ; on fait bouillir le tout ensemble, et on le réduit en consistance de sirop, dont on prend 31 grammes avant de se mettre en débauche.

Pour causer l'ivresse sans suite désagréable.

Mettez infuser dans le vin du bois d'aloès des Indes, ou bien faites cuire dans de l'eau des écorces de mandragores, jusqu'à ce que l'eau soit rouge, et mettez-en dans le vin.

Pour changer le vin en très-fort vinaigre.

Prenez du tartre brut, gingembre, poivre long, de chaque partie égale ; mettez le tout pendant huit jours dans le fort vinaigre, puis ôtez-le et laissez sécher ; quand vous voudrez faire du vinaigre, mettez un sachet de ces drogues dans le vin, il sera changé promptement.

Avec du plus mauvais vin faire du vinaigre.

Prenez 2 kilogrammes 500 grammes de tartre cru, mettez-le en poudre bien fine, versez dessus 500 grammes d'huile de vitriol, enveloppez le tout dans un nœud, et suspendez-le dans un tonneau de vin gâté ; il faut agiter souvent le sachet, afin d'en imprégner bien le vin.

Pour rendre le vinaigre alcali

Il faut mettre dans le vinaigre simple ou distillé autant de sel de tartre qu'il pourra en dissoudre.

Empêcher que le vinaigre se gâte en été.

Il suffit de le mettre sur un feu très-vif et de le faire bouillir une seconde ; il se conservera parfaitement à l'air libre ou dans des bouteilles demi-pleines.

Pour faire du bon vinaigre en peu de temps.

Jetez du bois de hêtre dans du vin, et vous verrez qu'il sera bientôt converti en vinaigre.

Pour rendre le vinaigre plus fort.

On le met dans une terrine en grès dans une nuit de forte gelée, et on le laisse dehors à découvert ; la partie aqueuse se glace, et il reste le vinaigre dans toute sa force.

Pour conserver les cornichons verts et les confire.

On les fait macérer un ou deux jours dans la saumure ; on y verse ensuite du vinaigre bouillant ; après les avoir décantés, on les plonge dans du vinaigre bien fort', avec les assaisonnements ordinaires ; on y ajoute 125 à 150 grammes d'acide muriatique (ou esprit de sel) par pots de 20 litres ; cet acide raffermit la chair, la conserve bien verte et n'a rien de malfaisant dans cette quantité.

Des taches simples ou de celles qui sont composées d'une seule substance.

Quoiqu'on ait donné plusieurs recettes pour enlever certaines taches, nous croyons devoir cependant publier l'article suivant, que nous devons à l'obligeance d'un de nos chimistes les plus distingués.

Les huiles et les graisses sont les substances qui forment la plus grande quantité de taches simples.

Les meilleures substances dont on peut faire usage pour les enlever sont le savon ; cette substance n'altère pas le tissu des étoffes et n'attaque pas les couleurs solides.

La craie, les terres savonneuses, telle que la terre à foulon, et en général toutes les terres absorbantes qui contiennent beaucoup de magnésie. Il suffit de délayer ces terres dans de l'eau, d'en faire une bouillie épaisse qu'on étend sur la tache, et de laisser sécher ; on brosse ensuite, et la tache est enlevée. Le fiel de bœuf purifié et le jaune d'œuf peuvent être employés avec avantage dans tous les cas dont il s'agit. Le fiel de bœuf purifié est la plus précieuse de toutes les substances qu'on connaisse pour enlever ces sortes de taches, par la propriété qu'il possède de dissoudre les corps graisseux sans altérer les tissus ni la plupart des couleurs d'une manière sensible.

L'huile volatile de térébenthine bien distillée convient également, ainsi que l'essence de citron distillée ; mais il faut que les taches soient récentes. La cire, la résine, la térébenthine, la poix, et en général tous les corps résineux, forment des taches plus ou moins tenaces. L'alcool pur a la propriété de dissoudre toutes ces substances sans altérer les tissus, ni la plupart des couleurs. Les taches de vin, de mûres, de cassis, de mérises, de liqueurs et de gaude, ne cèdent qu'à un savonnage à la main suivi d'une fumigation à l'acide sulfureux ; mais ce dernier ne convient qu'aux couleurs solides.

Les taches de rouille sont enlevées presque subitement par l'acide oxalique (acide de sucre), qu'il ne faut pas confondre avec le sel d'oseille. Le fer, à l'état d'oxyde noir, l'enlève fort bien avec la crème de tartre réduite en poudre très-fine ; cette substance est préférable aux acides minéraux, parce qu'elle attaque bien moins les étoffes, et surtout parce qu'elle attaque bien moins les couleurs.

Pour se servir de l'acide oxalique, on le réduit en poudre ; on en couvre la tache, qu'on a préalablement imbibée d'eau chaude, et on laisse exposé à la vapeur d'eau bouillante pendant quelque temps ; on la lave ensuite en frottant avec le bout du doigt et avant que tout l'acide oxalique soit parti, et pendant qu'il y en a encore d'imbibé dans l'étoffe, on passe un fer chaud sur l'envers de la tache : on lave ensuite à l'eau chaude ; les taches les plus anciennes disparaissent par ce moyen.

Des Taches composées ou de celles qui sont formées par l'action réunie de plusieurs substances.

Le cambouis, qui est composé de graisse et d'oxyde de fer, ne pourra être enlevé qu'en employant les substances décrites plus haut et qui enlèvent les corps gras, tels que le savon, les terres, le fiel de bœuf et la crème de tartre ou l'acide oxalique ; mais il faut d'abord commencer par enlever la graisse, puis l'oxyde de fer ; ensuite la boue sera enlevée en lavant d'abord à l'eau chaude ou en savonnant légèrement et en faisant ensuite usage de crème de tartre pulvérisée.

L'encre, lorsqu'elle est fraîche, s'enlève par un lavage simple à l'eau pure et ensuite à l'eau de savon ; le jus de citron détruit entièrement l'empreinte du fer ; mais, lorsque la tache a vieilli sur l'étoffe, non-seulement l'oxyde de fer, qui fait la base de l'encre, a pénétré plus avant dans le tissu, mais l'oxydation a fait des progrès ; dans ce nouvel était, l'acide oxalique seul peut l'enlever. Le chlore enlève également l'encre très-facilement; mais il ne faut jamais employer cet agent sur des couleurs, car il les détruirait entièrement si elles étaient de nature végétale.

La tache de fumée ou la liqueur des poêles sont enlevées en lavant d'abord à l'eau de savon, en faisant ensuite usage de l'essence de térébenthine, et en dernier ressort en employant l'acide oxalique.

Les taches de café nécessitent un lavage à l'eau et un savonnage soigné et chaud à une température de 30 à 40 degrés. Ensuite on expose la tache à l'action de la vapeur sulfureuse.

Les taches de chocolat se traitent comme celles de café, mais elles ne sont pas aussi tenaces ; elles disparaissent presque sans l'assistance de l'acide sulfureux.

Pour ôter les taches d'une étoffe de soie blanche ou de velours cramoisi.

On mouille bien la tache d'esprit de vin, et on met dessus le blanc d'un œuf le plus frais possible. On le fait sécher au soleil ; quand cela est sec, on le lave promptement dans l'eau fraîche. On répète cette opération suivant la ténacité de la tache.

Essence pour détacher.

On prend de l'essence de térébenthine bien rectifiée, et la plus nouvelle ; on la mêle avec un dixième d'éther sulfurique non rectifié : on la colore en jaune avec du curcuma, puis on filtre au papier gris : il suffit de frotter la tache avec un morceau de drap sur lequel on a eu soin de mettre de l'essence à détacher ; frottez bien, l'essence est aussitôt sèche, et la tache a disparu.

Essence à détacher parfumée.

Trois litres d'esprit de vin, 500 grammes de savon râpé et fondu dans de l'esprit de vin, 500 grammes de fiel de bœuf, préparé comme il est dit ci-dessous, 62 grammes essence de menthe ; on passe le tout au papier gris.

Savon pour détacher.

On râpe 500 grammes de savon blanc; on le met dans un litre d'eau de pluie que l'on a fait bouillir avec de la cendre, et l'on passe à travers un linge. On met cette lessive et le savon fondre dans un plat, en le remuant continuellement ;

on y met six jaunes d'œuf bien battus avant de les placer dans le savon, et on laisse bouillir le tout un instant, en continuant toujours de remuer l'amalgame. On y ajoute quelques gouttes d'essence de citron, puis on le moule. Tout le monde sait la manière de se servir de ce savon ; il est inutile de l'expliquer.

Préparation du fiel de bœuf pour enlever les taches.

On met un litre de fiel de bœuf sur le feu ; on le fait bouillir, et on écume la matière azotée qui vient au-dessus ; quand elle est bien écumée, on y jette 54 grammes d'alun bien pulvérisé et tamisé ; quand la matière est refroidie, on la met dans une bouteille sans la boucher parfaitement.

Autre moyen.

On met la même quantité sur le feu et on l'écume de la même manière ; quand il est bien écumé, on y fait dissoudre 34 grammes de chlorure de sodium réduite en poudre fine ; quand la dissolution est refroidie, on la met dans une bouteille, sans la boucher parfaitement ; au bout d'un mois de repos, vous les décantez toutes deux et les mêlez ensemble par parties égales, puis on bouche bien pour s'en servir au besoin.

Préparation pour enlever les taches de graisse, d'encre, de vin, de fruits, etc., etc., sur les revers de bottes, sur toute sorte de cuirs et parchemins.

D'une part, faites dissoudre dans 62 grammes d'eau distillée 4 grammes de chlorate de potasse ; versez ensuite 62 grammes d'acide hydrochlorique ; d'un autre côté, faites dissoudre dans une fiole 15 grammes d'huile essentielle de citron dans 92 grammes d'esprit de vin.

Tout ainsi préparé, réunissez les deux liqueurs, et conservez le mélange dans un flacon bouché à l'émeri.

Procédé pour blanchir les blondes, les dentelles et les tulles.

Il faut : 1° les débâtir, les repasser, puis les plier l'une sur l'autre ; 2° les mettre dans une espèce de poche de toile blanche et les faire tremper dans l'huile d'olive pendant vingt-quatre heures ; faites une eau de savon bien forte ; vous faites bouillir l'eau et y jetez le sac où sont les dentelles ; les y laisser un quart d'heure, rincer le tout, tremper le sac dans de l'amidon, retirer les blondes du sac et les repasser de suite l'une après l'autre.

Procédé pour blanchir à neuf les cachemires, mérinos, poils de chèvre, le satin, et généralement tous les tissus de soie.

On ajoute à de l'eau froide bien pure deux cuillerées d'essence de savon et une cuillerée de fiel de bœuf purifié ; on lave rapidement dans ce bain une fois ou deux s'il est nécessaire, et on rince à l'eau très-propre et très-légère d'alun. (L'alun empêche les couleurs de couler.)

Autre procédé.

6 litres d'eau, 122 grammes de soude, 2 fiels de bœuf purifiés, 61 grammes de savon noir, et le jus d'un citron ; faites bouillir ensemble 4 minutes. On peut l'employer à chaud et à froid ; il enlève parfaitement les taches.

Moirés métalliques.

1° On prend deux parties d'acide nitrique, deux parties acide muriatique, et quatre d'eau distillée, mêlées ensemble ;

2° On prend 62 grammes d'acide muriatique, 51 grammes d'acide sulfurique, et 250 grammes d'eau, mêlés ;

3° Ou bien 51 grammes d'acide nitrique, 62 grammes acide muriatique, 93 grammes d'eau distillée, le tout mêlé ;

4° Ou bien 125 grammes de muriate de soude, 62 grammes d'acide nitrique et 250 grammes d'eau, le tout mêlé.

Il faut prendre du fer-blanc anglais, celui marqué F ; il réussit beaucoup mieux que les autres ; ayant choisi un procédé ci-dessus, on en imbibe une éponge et passe le plus également et le plus promptement possible sur le fer-blanc, que l'on tient au-dessus d'une terrine d'eau ; aussitôt que le moiré est bien prononcé, on jette sa feuille dans l'eau : il en est qui ne demande que deux minutes pour opérer ; d'autre va jusqu'à huit ou dix minutes : il ne faut jamais mettre de la composition sans éponge ; l'acide rongerait promptement l'étain qui le couvre, et il se noircirait sans se moirer. Si l'on ne doit pas employer le fer-blanc tout de suite , on l'essuie bien et on y passe une couche de gomme dissoute dans l'eau , afin que le moiré reste dans sa beauté; autrement on le vernit avec un vernis qui soit coloré et on ponce la première couche, afin de le rendre plus net ; la dernière couche se fait sécher à l'étuve , afin que le vernis durcisse davantage et devienne plus brillant.

Moyen de bien blanchir l'ivoire.

On fait dissoudre de l'alun dans de l'eau ; il faut qu'elle blanchisse ; ayant fait bouillir les pièces pendant une heure, on les frotte bien avec une brosse de manière à ôter la crasse qui sort de l'ivoire. Quand il n'en paraît plus, on les met dans un linge mouillé, de crainte qu'elles ne fendent, ou dans la sciure de bois. On le blanchit encore en le frottant de savon noir, en le présentant au feu, et quand le savon fond, on essuie bien la pièce également, afin qu'elle ne reste pas jaspée.

Blanchir les Os.

Prenez de la chaux vive avec une poignée de son que vous mettrez dans un pot neuf, avec suffisante quantité d'eau , et mettant les os dedans, vous les laisserez bouillir jusqu'à ce que vous voyiez qu'ils soient entièrement dégraissés.

Procédé pour teindre la corne blanche en toutes couleurs.

La seule préparation préliminaire qu'exige la corne pour recevoir différentes couleurs consiste à la laisser tremper pendant douze heures dans une solution d'alun ou d'acide acétique un peu concentré ; il suffit de la plonger ensuite dans une décoction de Fernambouc , pour la teindre en beau rouge ; dans du safran mêlé d'alun , à parties égales , ou d'écorce d'épine vinette avec un peu d'alun , pour la teindre en beau rouge; dans du safran mêlé d'alun, à parties égales , ou d'écorce d'épine vinette avec un peu d'alun, pour la teindre en jaune ; et dans une dissolution de vert-de-gris dans l'acide acétique avec un tiers de sel ammoniac , pour la teindre en vert ; on convertit en bleu la belle couleur verte en la plongeant à plusieurs reprises dans une lessive bouillante de potasse ; la soude ne produit pas le même effet, etc.

Pour blanchir l'albâtre et le marbre blanc.

Prenez de la pierre ponce en poudre subtile , infusez dans du verjus pendant douze heures ; on en mouille avec une éponge l'albâtre ou le marbre ; il se blanchira parfaitement. On a soin de bien le frotter et de l'essuyer.

Procédé pour ôter les carreaux des vieilles croisées sans les démonter ni les casser.

On met de l'acide sulfurique dans une fiole , on la bouche bien et on perce le bouchon d'un petit trou ; on répand de cet acide sur le mastic, qui devient mou aussitôt, et il devient par ce moyen facile d'enlever les carreaux en ôtant le mastic avec un couteau.

Cire pour polir les meubles qui les fait paraître vernis.

On met sur un feu doux 500 grammes d'eau de rivière, 8 grammes de sel alcali fixe de tartre , et 20 grammes de cire blanche coupée menu ; on remue bien jusqu'à ce que ce soit fondu ; elle ressemble alors à une eau de savon ; on la passe au pinceau sur les meubles ; l'eau s'évapore, et la cire reste par couche très-mince que l'on frotte bien avec du drap ; il vient d'un poli très-brillant. On peut remplacer le sel par autant de potasse.

Caustique pour meubles.

On prend une partie de cire blanche ; ajoutez-y huit parties d'huile de pétrole ; passez une couche légère du mélange sur le bois à polir ; tandis que c'est encore chaud , l'huile s'évaporera promptement et ne laissera qu'une couche extrêmement légère de cire, que vous polirez parfaitement en la frottant avec un morceau de drap sec.

Briquets sulfuriques.

On met dans une petite bouteille de l'amiante, et on le couvre seulement avec de l'acide sulfurique. On a le soin de la boucher quand l'allumette est retirée.

Mettre en état les vieux briquets.

On retire l'amiante de la bouteille, et on le met rougir sur une pelle, afin que l'acide soit entièrement évaporé , et on remet dessus quelques gouttes d'acide pour l'humecter seulement.

Allumettes oxygénées et parfumées pour les briquets.

Fleur de soufre lavée, **75** centigrammes ; benjoin , **75** centigrammes ; sucre pulvérisé, **48** centigrammes ; muriate de potasse suroxygéné, **4** grammes ; on mêle le tout dans un mortier de marbre, et on y ajoute le muriate de potasse , ayant soin de ne pas trop le frotter dans le marbre, car il ferait explosion ; on imbibe le tout de gomme adragante très-claire , et on y trempe les allumettes qu'on a déjà soufrées d'un bout à l'avance.

Mercure fulminant.

Prenez 51 grammes de mercure et 375 grammes d'acide nitrique ; faites fondre le tout sur un feu doux dans un vase de terre vernissé ; après qu'il est fondu, laissez-le refroidir et ajoutez-y 125 grammes d'alcool à 36 degrés ; remettez ce mélange sur le feu, et laissez-le réchauffer jusqu'à ce qu'il fermente ; retirez-le ensuite et faites-le filtrer dans un entonnoir de verre, et faites sécher le résidu, qui sera le mercure fulminant.

Ce produit présente rarement de graves dangers , attendu qu'il ne fait jamais explosion spontanément ; sa force d'expansion est cependant considérable, et on l'emploie avec succès pour faire sauter des quartiers de rochers.

Or fulminant.

Après avoir fait dissoudre des feuilles d'or dans l'acide appelé communément eau régale , il faut jeter cette dissolution dans une quantité d'eau distillée d'environ quatre fois son volume, et ajouter à ce mélange de l'ammoniac, jusqu'à ce qu'il ne se forme plus de précipité ; l'on filtre ensuite ce mélange ; la poudre fine qui restera sur le filtre sera de l'or fulminant. Quelques grains de cette poudre exposée à la flamme d'une bougie suffisent pour produire une violente explosion ; lorsque le temps est sec, le moindre contact suffit pour faire détonner cette dangereuse poudre.

Que l'on fasse dissoudre de l'argent dans de l'eau forte étendue d'un peu d'eau, et qu'on ajoute un peu d'eau de chaux ; le métal se précipite après avoir filtré et séché ; que l'on jette sur ce produit un peu d'ammoniac liquide, et l'on obtiendra une poudre noire qui sera de l'argent fulminant. Ce produit est bien encore plus dangereux que l'or fulminant : il détonne avec plus de violence, et il suffit du contact le plus léger ou d'une goutte d'eau jetée à sa surface pour qu'il fasse explosion et renverse tout autour de lui ; aussi faut-il en user avec beaucoup de circonspection.

Pierre de touche économique.

Prenez une pierre à feu ; frottez dessus l'objet qu'il vous importe de connaître ; lorsque l'empreinte métallique est suffisamment marquée, enflammez une allumette bien soufrée, approchez de la flamme le plus près possible l'endroit frotté ; si le métal n'est pas d'or, l'empreinte disparaîtra aussitôt.

Préparation du bois de charpente vert, de manière à ce qu'il puisse servir immédiatement.

Aussitôt que le bois de charpente a été séparé de la souche, enlevez sur-le-champ l'écorce extérieure jusqu'au bois. Sciez-le, pour les différents usages que vous en voulez faire, en morceaux pour couvertures de toits, solives, planches, ouvrages de menuiserie et autres.

Après les avoir ainsi préparés, faites-les tremper quelques jours dans de l'eau de chaux. L'inventeur de ce procédé rapporte qu'il s'en est servi depuis nombre d'années pour abattre et réparer les bâtiments antiques et modernes, pour lesquels on a fait usage de bon bois de menuiserie, de sapin d'Écosse ; mais il n'a jamais trouvé un pouce de ce bois pourri ou mangé des vers, pour peu qu'il soit imprégné de chaux et tenu sec ; il l'a au contraire trouvé plus dur et plus ferme que quand il l'avait employé pour la première fois.

Pour enlever l'odeur des appartements nouvellement peints.

Placez dans chaque appartement trois ou quatre baquets

d'eau ; vous verserez dans chacun trente grammes d'acide vitriolique ; cette eau absorbera les émanations de la peinture en trois jours, si vous avez eu soin de changer chaque jours d'eau.

Débarrasser une chambre des cousins.

Après avoir fermé les fenêtres, mettez-y, une heure avant d'aller vous coucher, une lanterne de verre allumée que vous avez frottée au dehors avec du miel délayé dans du vin, ou de l'eau de rose ; ce miel attire les cousins, et ils s'y attrapent de manière à ne pouvoir se débarrasser.

Chasser les mouches d'où l'on veut.

Lavez les murailles avec du jus de feuilles de citronnelle, après les avoir bien pilées ; les mouches n'en approcheront pas, ne pouvant supporter cette odeur.

Pour faire périr les mouches des lieux d'aisances.

Il faut leur préparer les mets suivants, dont elles sont très-friandes : on fait dissoudre 8 grammes d'extrait de cassis dans une demi-bouteille d'eau bouillante ; on y ajoute une petite quantité de miel ou de sirop. On verse ce mélange dans une assiette, et on met dans les lieux ; ou bien on met dans une assiette du lait, du sucre et du poivre moulu bien fin ; aussitôt qu'elles en mangent, elles trouvent une mort prompte ; au bout de quelque temps qu'elles sont rassemblées aux assiettes, on met du soufre dans une assiette, on l'allume et on le porte dans les lieux, ayant soin de bien fermer tout, afin qu'elles ne puissent sortir ; il n'en est aucune qui puisse résister à cela. On peut le faire une couple de fois, afin de tout détruire, et vous vous trouverez délivré promptement.

Moyens de détruire les poux.

Quand on n'a pu réussir à chasser avec le peigne les poux que les enfants ont à la tête, on doit avoir recours aux substances huileuses qui bouchent leurs stigmates, ou aux poudres âcres qui les chassent, comme le staphisaigre, la coque du levant, le tabac, etc., etc.

Quant à ceux qui viennent sur les quadrupèdes, on peut

les en débarrasser par les mêmes moyens, ou avec des décoctions de poivre, de cédra, d'orpin âcre. Il est plus difficile de les détruire chez les oiseaux ; mais on y réussira si l'on a soin de bien nettoyer leur poulailler ou colombier, et d'y brûler ensuite pour quelques sous de soufre, après avoir bien bouché les portes, les fenêtres et les trous, etc.

On les chasse aussi au moyen d'un liniment dont on se frotte la tête, et composé de trente grammes de vinaigre, d'autant de staphisaigre en poudre, d'autant de miel, d'autant de soufre, et enfin de soixante grammes d'huile.

L'huile de laurier seule détruit leurs œufs et finit par les chasser eux-mêmes.

Moyen de faire périr les puces et les punaises.

On prend 90 grammes de staphisaigre en poudre ; on en met dans toutes les jointures des lits, dans les coutures, dans les coins des matelas et dans tous les lieux où les punaises se rassemblent ; au bout de deux ou trois nuits, ces insectes périssent et disparaissent. On peut se servir de la même manière du tabac, du poivre et de la résine d'euphorbe réduite en poudre.

Autre procédé.

On met dans un réchaud plein de charbon allumé 15 grammes de galbanum et autant d'assa-fœtida. Après avoir levé les couvertures, les matelas, les sommiers ou paillasses, et jusqu'aux barres du lit que l'on met à terre, on tient la chambre bien close et l'on bouche avec un drap l'ouverture de la cheminée. Il faut faire cette opération de grand matin pour n'ouvrir la chambre que le soir à l'heure où l'on veut se coucher : à l'instant où l'odeur des drogues s'exhale, les punaises tombent sans mouvement, et s'il en reste quelques-unes, un jour ou deux après, on les trouve toutes desséchées.

La quantité de ces drogues que nous avons donnée suffit pour un appartement de quinze à vingt pieds carrés environ. Si par hasard il s'est échappé quelques-uns de ces insectes, on réitère l'opération. Le temps le plus propre à la faire est celui des grandes chaleurs.

Moyens de détruire les rats.

Prenez 125 grammes de mie de pain, 60 grammes de

beurre, et 50 grammes de nitrate de mercure cristalisé; faites du tout une masse, mélangez bien ces différentes matières; vous les diviserez ensuite en petites pilules que vous répandrez dans les endroits peuplés de rats ou de souris; l'odeur du beurre les attire infailliblement et on les détruit par centaines.

Autre moyen de les détruire.

Prenez 24 noix épluchées et un peu rissolées sur une pelle, avec 250 grammes de fromage d'Auvergne, et 6 noix vomiques râpées à la lime. Pilez le tout dans un mortier pour en former une espèce de pâte que vous partagerez en plusieurs morceaux de la grosseur d'un œuf de pigeon, et que vous placerez dans les endroits infectés par les rats et les souris.

Moyen de détruire les taupes et les mulots.

Prenez trois douzaines de noix bien saines et sèches que vous ferez bouillir dans un chaudron avec de la lessive pendant un quart d'heure; mêlez les noix avec des vers de terre, mettez-en dans les trous de la taupe et du mulot, et ils périront.

Remède contre la morsure des chiens enragés.

Faites calciner l'écaille de dessus de trois huîtres, réduite en poudre; battez cette poudre avec trois œufs, faites-en une omelette et faites-la manger à la personne ou à l'animal qui a été mordu; ce remède a été approuvé.

Remède contre les pâles couleurs et la jaunisse.

Cette maladie a pour caractère la coloration en jaune des yeux et de la peau, la teinte rouge, safranée des urines, et la décoloration des matières fécales; l'eau ou la décoction de carottes, de panais, les eaux panées, deux jaunes d'œufs dissous dans une tasse d'eau sucrée et pris pendant quinze jours, le petit lait, des bains, des lavements émollients, une nourriture composée principalement de végétaux herbacés, un exercice modéré et une douce gaîté, forment la base du traitement. Nous n'avons pas besoin de recommander l'éloignement de la cause qui aurait produit la maladie.

Remède contre les panaris.

Lorsqu'on est menacé d'un panaris, il faut se hâter d'en prévenir les accidents par le traitement suivant : quand le panaris naît de lui-même et sans cause connue, on doit avoir recours à tout ce qui peut calmer les inflammations ; ainsi, on fera tremper la main entière dans de l'eau tiède, et on l'y tiendra dans le bain pendant plusieurs heures ; à l'eau tiède on pourra substituer des cataplasmes faits avec de la farine de graine de lin et une forte décoction de têtes de pavots ; si la maladie ne fait que commencer, on pourra employer avec avantage l'eau froide ou la glace dans laquelle on plongera le doigt du malade. Si, malgré l'emploi de ces moyens, le mal augmente, que les douleurs deviennent insupportables et soient accompagnées de fièvre, il faut avoir recours à un chirurgien ; dans ce cas, l'incision de la tumeur est le seul moyen d'amener une prompte guérison.

Si le panaris est la suite d'une piqûre faite avec un instrument imprégné d'une liqueur putride, il ne suffit pas d'atteindre le développement de l'inflammation ; il faut encore prévenir les accidents qui peuvent résulter de l'absorption de cette liqueur ; on y parvient ordinairement en lavant dans l'instant même, avec de l'eau tiède, l'endroit piqué, et en prenant soin d'exprimer le sang à plusieurs reprises, pour entraîner la matière irritante.

Autre.

On charge d'une bonne couche d'onguent napolitain, composé d'égales parties de mercure et de térébenthine de Venise, un morceau de peau dont on couvre le panaris, et on enveloppe le doigt d'une compresse en huit ou dix doubles. On lève cet appareil toutes les vingt-quatre heures, et on remet une nouvelle dose d'onguent sans changer la peau ni la compresse. L'inventeur de ce remède l'a donné à plus de cinq cents personnes, et toutes ont été guéries. Les douleurs diminuent peu à peu, et cessent en moins de neuf ou dix heures ; et, après le deuxième pansement, la matière du panaris n'est plus qu'une eau claire. Alors on perce la peau avec une pointe de canif, ou autre instrument pointu, pour faire sortir la sérosité ; on continue le même pansement pendant huit ou dix jours, et la cure est finie.

Ce remède guérit sans exception les panaris de toutes espèces, d'où l'on peut conjecturer qu'il doit faire le même effet sur les clous et divers abcès, même sur ceux qui se forment près de l'anus, et dont les suites sont quelquefois si funestes.

Remède pour guérir toutes sortes de brûlures.

Nous nous étendrons un peu sur le traitement de la brûlure, affection dans laquelle tout le monde est appelé à remplir pour soi ou pour autrui le rôle de médecin, et où les erreurs peuvent avoir de si fâcheuses conséquences.

Voici les principes généraux d'après lesquels il doit être établi :

1° Modérer et calmer la douleur et l'irritation qui se développent au moment même de l'accident ;

2° Prévenir et combattre l'inflammation secondaire ;

3° Favoriser et diriger la cicatrisation des plaies ;

4° Faire disparaître ou atténuer les difformités qui sont les suites de la brûlure.

Dès qu'une personne est brûlée, on doit s'empresser de la soustraire à l'action de la chaleur : ainsi, supposez qu'on se soit laissé tomber de l'eau bouillante sur le pied, ce qu'il y a de mieux à faire sera de plonger tout de suite la partie malade dans l'eau froide, sans se donner la peine d'ôter le bas ou même la chaussure en général; c'est en effet perdre un temps précieux et pendant lequel le calorique continue ses ravages. Quand la partie ne peut être immergée, des effusions continuelles d'eau froide sont infiniment utiles, et on peut à loisir ôter les vêtements, qu'il faut couper plutôt que de rompre et de déchirer l'épiderme soulevé; par ces moyens, et en continuant alors sans interruption les applications réfrigérantes, on est souvent parvenu à arrêter complétement les ravages de la brûlure ; mais il faut que ces applications ou immersions soient continuées, sans interruption aucune, pendant plusieurs heures et même pendant plusieurs jours : si l'on s'arrête, les symptômes inflammatoires se révèlent comme si l'on n'avait rien fait.

On a conseillé beaucoup de moyens comme jouissant d'une efficacité particulière : telles sont la pulpe de pomme de terre râpée, celle de carottes, et, dans ces derniers temps, la gelée de groseilles, et l'on n'a pas vu que ces différents corps n'agissaient qu'en soustrayant le calorique, comme le fait l'eau froide, et que celle-ci a l'avantage d'être toujours sous la main. La glace, en abaissant sa température, ajoute à ces bons effets ; mais on peut y suppléer encore par le secours non interrompu de l'eau. L'emploi de la chaleur, de la compression, de même que celui du coton cardé et autres substances végétales analogues, est bien loin de présenter une supériorité incontestable sur le moyen que la nature indique, et qu'elle nous fournit libéralement.

Quand l'épiderme est soulevé par la sérosité, il est bon de vider les ampoules par des piqûres faites de place en place ; mais il faut se garder d'arracher l'épiderme, sous peine de faire éprouver tout à fait inutilement de vives douleurs. Au contraire, on doit le remplacer autant que possible, dans les endroits où il a été enlevé, par des morceaux de papiers brouillards enduits d'une légère couche de cérat. Les applications d'eau froide, continuellement renouvelées, ne sont pas moins salutaires que dans la brûlure au premier degré, et un traitement antiphlogistique est plus nécessaire pour prévenir et combattre les symptômes inflammatoires tant généraux que locaux.

Dans les brûlures qui ont intéressé une grande épaisseur de parties, et où des escarres se sont formées, il n'y a plus à espérer de borner le mal : il est fait, et désormais il ne s'agit plus, comme dans le cas de gangrène, que d'attendre la chute des escarres et de favoriser le travail de cicatrisation.

Coupures.

Il faut laisser saigner pendant quelque temps et rejoindre les deux lèvres de la coupure avec du taffetas d'Angleterre : il est à présumer que les chairs reprendront sans rien faire autre chose. Mais si la coupure tient plutôt de la déchirure que d'une scission nette, alors il faut bien se garder d'y appliquer le taffetas, parce que le pus s'agglomérerait dessous et pourrait augmenter le mal ; un peu d'huile et de vin, dont on imbibera une compresse bien mince appliquée sur la déchirure, la guérira en peu de temps, surtout si la masse du sang est pure et exempte de tout vice. On doit se comporter autrement lorsque de petites veines fournissent du sang en abondance. On frappe d'eau froide la blessure et l'espace blessé, et même tout le membre ; de cette manière on parvient souvent à arrêter l'hémorragie. Si cependant le sang continue à couler, on sera obligé de recourir à une application d'agaric ou d'amadou qu'on maintiendra sans trop le serrer.

Esquinancie.

Pour faire passer une légère esquinancie, prenez deux grammes d'alun et autant de noix de galle et de poivre, le tout bien pulvérisé. Mêlez-le avec un peu de blanc d'œuf, et touchez-en trois fois par jour la luette avec le bout d'un petit bâton garni d'un linge et trempé dans ce mélange.

Remède contre les engelures.

Il faut imbiber à plusieurs reprises avec de l'esprit de sel les parties affligées de ce mal tenace; mais il faut que cette opération se fasse avant l'ouverture de ces parties, ou, comme on le dit, avant que les engelures soient crevées, ou bien après que cette espèce d'ulcère est fermé.

Ce remède nous a été donné par M. Linnæus, célèbre médecin suédois.

Maladies de diverses sortes.

Telles que les affections scorbutiques, le scorbut opiniâtre, les ulcères aux poumons, la toux invétérée, les langueurs et les fièvres, les étourdissements et les vapeurs de toutes espèces, les douleurs d'estomac provenant de mauvaises digestions, les hydropisies causées par l'appauvrissement du sang, les glaires et le gravier des reins, les pertes et les fleurs blanches des femmes, les dispositions à l'apoplexie et à la paralysie, les maux de tête habituels, les cours de ventre entretenus par l'abondance des humeurs et le relâchement de l'estomac.

Un remède efficace contre toutes ces maladies, ce sont les bourgeons des sapins de Russie; ils sont remplis d'une résine balsamique qui opère le plus grand bien. On les fait simplement infuser dans de l'eau, et on en prend le matin à jeun comme du thé. En continuant cette boisson plus ou moins de temps, selon que les maladies sont invétérées, on est assuré d'être guéri.

Nous devons ce remède à M. Saint-Sauveur, ci-devant envoyé de France à Saint-Pétersbourg.

Moyen de distiller les plantes sans alambic.

Sur un pot de terre vernissé, posez un linge fin que vous arrêterez avec un cordon aux bords du vase : ce linge tombera en dedans du vase en forme de poche ; on remplira la poche de ce qu'on voudra distiller, jusqu'à la moitié, et on remplira de charbon allumé une assiette ou une casserole que l'on mettra sur le vase pour le bien boucher.

Mastiquer à l'instant les pipes en écume de mer, cassées.

Qu'on prenne de la gomme laque fine pulvérisée, qu'on la sème sur la cassure, qu'on la tienne sur un feu de charbon, de manière que la gomme coule. Alors on presse les deux morceaux très-étroitement ensemble, et ce mastic devient à l'instant si ferme qu'on ne peut plus les séparer.

Manière de faire des chiffres et des tableaux en cheveux.

Il n'est point de cadeau plus précieux qu'un tableau des cheveux d'une personne qui vous est chère.

Commencez par dégraisser vos cheveux en les faisant bouillir dans de la lessive ; on les fait sécher ; ensuite on a soit de l'ivoire en plaque, ou toute autre chose. Quand vous êtes ainsi préparé, commencez par dessiner bien exactement avec un crayon le chiffre que vous voulez faire , et , avec un pinceau trempé dans de la colle , recouvrez avec délicatesse tous les traits de votre dessin ; prenez un ou plusieurs cheveux, placez-les sur l'ivoire avec un morceau d'os ou d'ivoire , faites-les suivre tous les contours du chiffre, de telle sorte qu'ils soient fixés en plein par la colle : on parvient facilement à faire son tableau ; la colle qu'on emploie est de la colle à bouche dissoute dans de l'eau.

Moyen de copier sur-le-champ une estampe ou un portrait.

Prenez de l'eau d'alun et de savon , mouillez une toile ou un papier, et appliquez-le sur l'estampe ou le portrait ; mettez cela sous la presse, vous en aurez une belle copie.

Nouvelle découverte pour attraper les oiseaux à la main.

Faites tremper deux litres de blé dans un demi-litre d'eau-de-vie, ajoutez-y 10 grammes de coque du Levant, brassez bien le tout, et au bout d'un quart d'heure retirez votre blé que vous laisserez sécher.

Parsemez-en dans les endroits où vous avez habitude de voir des oiseaux, cachez-vous bien de manière à ne pas être aperçu, et lorsqu'ils auront mangé, vous les verrez étourdir et tomber. Vous pourrez les prendre comme vous voudrez.

Procédé pour faire le petit lait clarifié.

Tous les traités de pharmacie donnent le mode de préparation du petit lait; aussi sous ce point de vue n'aurions-nous que peu de choses à dire, s'il n'était avantageux de faire connaître un procédé plus expéditif que celui mis en usage dans toutes les officines; ce procédé est le suivant :

Battez un blanc d'œuf dans une pinte de lait; ajoutez 15 grammes de bon vinaigre blanc (environ une cuiller à bouche), mêlez exactement, puis chauffez rapidement jusqu'à ébullition; projetez alors dans le liquide bouillant quelques cuillerées d'eau froide pour faciliter la séparation du coagulum, et filtrez. Ce mode d'opérer permet d'obtenir un produit parfaitement limpide, dans un temps de moitié moins long que celui que l'on emploie partout. Le petit lait, dans les grandes villes surtout, est souvent artificiel, et certes il est loin dans ce cas d'avoir les propriétés qu'il possède lorsqu'il est véritable. On reconnaît aisément ce petit lait factice: 1º à ce qu'il mousse moins que le vrai par l'agitation; 2º à ce que, traité à chaud par l'acide sulfurique, il ne développe pas l'odeur de la vache comme celui qui a été fait avec le lait. Quoi qu'il en soit, si l'on ne pouvait par hasard se procurer le lait nécessaire pour cette préparation, et s'il fallait recourir à l'emploi du petit lait d'imitation, nous allons indiquer la formule suivante comme celle qui doit être préférée pour sa préparation ; c'est celle dont se servent les premiers pharmaciens de la capitale :

Prenez : sucre de lait. . . . . . . 750 grammes.
Chlorure de sodium. 750
Nitrate de potasse. 375
Bitartrate de potasse. 75
Sucre blanc. . . . . 5 kilogram.

Mêlez et faites une poudre bien homogène.

Alors prenez :

Poudre ci-dessus. . . . . 10 grammes.
Eau commune. . . . . 1 kilogram.
Dissolvez, puis ajoutez :
Sirop de nerprun. . . . . 8 gouttes.
Vinaigre ordinaire. 10

Ce petit lait factice se prend aux mêmes doses et dans les mêmes cas que le véritable.

Méthode de saler le beurre pour qu'il puisse se conserver frais plusieurs années.

On prend deux parties de sel de cuisine, une partie de sucre et une partie de salpêtre ; on pile le tout et on mêle parfaitement. On répartit ensuite 50 grammes de ce mélange sur 500 grammes beurre que l'on pétrit avec soin jusqu'à parfaite incorporation des substances, pour que les sels pénètrent de toutes parts ; le beurre ainsi pétri se met dans des vases de grès bien lavés et très-secs, que l'on a soin de bien boucher.

Le choix du sel, du sucre et du salpêtre propres à la préparation que nous indiquons n'est pas indifférent. Le sel doit être préalablement purifié et séché au four ; le sucre doit être aussi bien pur, blanc et sec ; le salpêtre (nitrate de potasse), que beaucoup de personnes pourraient répugner d'employer par la crainte de provoquer des accidents, n'est nullement dangereux à la dose que nous indiquons, et ne peut agir que comme rafraîchissant ; on doit avoir soin de se le procurer très-pur.

Huit jours après que le beurre a été déposé dant les vases, on s'aperçoit qu'il s'est tassé et qu'il s'est formé du vide entre lui et les parois ; on prépare une forte saumure en mettant du sel épuré dans de l'eau chaude, tant que cette eau pourra en dissoudre, et on la verse froide et peu à peu sur le beurre jusqu'à ce qu'il en soit bien recouvert ; on porte ensuite les vases dans un lieu frais.

On emploie l'eau chaude pour préparer la saumure en raison de sa propriété de dissoudre une plus grande quantité de sel.

Procédé pour teindre les bois indigènes de toutes couleurs.

Pour obtenir de belles couleurs, il ne faut teindre que du

bois blanc ; pour les couleurs tendres et délicates, le bois de houx est excellent ; pour les couleurs foncées, les bois durs et colorés, tels que le chêne, le noyer, surtout le platane : on applique les couleurs à froid ; elles sont plus belles mais pénètrent moins, ayant soin de passer la teinture contre le fil, afin de la faire mieux pénétrer dans les pores. Quand on teint du placage, on le met entier dans le bain, et on le fait sécher à la presse afin qu'il ne se voile pas.

Belle couleur rouge pour le noyer et autres bois.

On prend 1 décagramme de bois de Fernambouc en poudre et 3 décagrammes d'alun ; on les fait bouillir doucement dans un demi-litre d'eau pendant une demi-heure ; on passe la décoction à travers une toile ; on la concentre ensuite jusqu'à ce qu'elle se réduise au quart, et on y ajoute quatre grammes de potasse purifiée. On met trois ou quatre couches sur les bois, en observant ce qui est dit ci-dessus.

Couleur rouge-orange par le roucou.

On prépare le bain en faisant bouillir la pâte de roucou coupée en petits morceaux dans de l'eau bien claire que l'on fait bouillir deux ou trois minutes. On a passé auparavant sur le bois une couche d'eau où l'on a mis de l'alun en poudre, et on l'emploie comme ci-dessus.

Couleur bleue par le bois de campêche.

On fait bouillir dans un litre d'eau 2 hectogrammes de ce bois coupé menu, pendant une heure ; on y ajoute 1 décagramme de vert-de-gris en l'agitant bien. On s'en sert comme il est dit des autres.

Couleur bleue par l'indigo.

On verse dans un flacon 125 grammes d'acide sulfurique concentré, sur 51 grammes d'indigo bleu pulvérisé, que l'on délaye avec l'acide, le mieux possible ; on chauffe l'amalgame au bain-marie pendant quelques heures ; quand c'est froid, on y ajoute 34 grammes de bonne potasse sèche et pulvérisée ; on agite le mélange qu'on laisse reposer pendant vingt-quatre heures. On décante la liqueur dans une bouteille que l'on bouche bien. On fait chauffer de l'eau et on y met quelques gouttes de cette dissolution, et on en passe sur le bois. Il est facile d'obtenir la teinte en mettant plus ou moins de dissolution.

Belle couleur jaune par diverses substances.

On teint les bois de cette couleur en formant des bains avec une des substances suivantes : 1° la gaude ; 2° le bois jaune ; 5° le fustet ; 4° le quercitron ; 5° la graine d'Avignon; 6° et le curcuma ; on fait simplement une décoction d'une ou plusieurs de ces substances bien divisées , en faisant bouillir avec de l'eau et augmentant d'une de ces matières pour avoir diverses nuances.

Pour aviver les couleurs jaunes, on ajoute à la gaude un peu de vert-de-gris ou un peu de soude ; on avive celle du bois jaune en mettant bouillir des rognures de peaux ou de colle forte. On donne un œil rougeâtre au curcuma en ajoutant au bain un peu de sang de dragon.

Procédé pour la couleur noire.

On prépare une décoction formée de 50 grammes de noix de galle, 30 grammes de sulfate de fer, 185 grammes de bois de campêche, le tout en poudre que l'on fait bouillir un instant.

Couleur fauve pour foncer le noyer.

On fait bouillir des écorces de noix vertes dans de l'eau, et on y ajoute un peu d'alun.

Beau noir d'ébène pour les bois.

On fait bouillir dans un litre d'eau du bois de campêche jusqu'à ce qu'elle soit bien foncée; on y jette trois décagrammes d'alun et on en passe à chaud sur le bois; on fait infuser à une douce chaleur de la limaille de fer dans du vinaigre ; on y jette une pincée de sel de cuisine, et on passe cette liqueur sur le bois qui a déjà une couche de violet, et sur-le-champ il vient d'un beau noir. Quand cette dernière est sèche, on en passe deux couches comme les premières, afin qu'elles pénètrent mieux dans le bois ; plus le bois est dur, plus la teinture est belle.

Couleurs composées.

Ces couleurs s'obtiennent en teignant successivement le bois dans deux couleurs différentes simples ou en les passant avec ces deux couleurs mélangées : ainsi le rouge et le bleu donnent le violet ; le rouge et le jaune, l'orange ; le bleu et le jaune , le vert ; le jaune et le gris , du fauve ; ainsi de suite. On peut varier les nuances à l'infini.

Procédés pour imiter les bois exotiques avec ceux indigènes.
Imiter l'acajou clair au reflet doré.

On fait une infusion de brésil que l'on passe à chaud sur le sycomore et l'érable.

Acajou rouge clair.

Infusion de brésil sur le noyer blanc , ou du roucou et de la potasse sur le sycomore.

Acajou fauve.

Décoction de bois de campêche sur le sycomore ou sur l'érable.

Acajou foncé.

Décoction de brésil et de garance sur l'acacia et le peuplier, ou bien une solution de gomme gutte sur le châtaignier vieux.

Bois citron.

Gomme gutte dissoute dans de l'essence de térébenthine, sur le sycomore.

Bois jaune satiné.

Infusion de curcuma sur l'érable.

Bois imitant le grenat.

Décoction du brésil appliquée sur le sycomore aluné ; le bois teint, altérez ensuite avec une couche d'acétate de cuivre.

Bois noirs.

Décoction de campêche très-forte sur le hêtre, le tilleul,

le platane, l'érable, le sycomore ; le bois teint, altérez par une couche d'acétate de cuivre ; si les bois sont en placage, il vaut mieux les mettre dans la couleur, elle pénètre à travers : on s'en sert pour la marqueterie ; s'ils sont épais, on passe par couche avec une brosse. Il faut que la liqueur soit chaude avant de teindre les bois en général ; il est avantageux de les mettre pendant 24 heures dans un endroit sec, afin que les pores s'ouvrent et que la couleur pénètre ; on peut vernir sur ces couleurs en ponceant légèrement à l'huile et en se servant d'un tampon comme d'habitude.

Manière d'obtenir le gaz.

Mettez dans une fiole 30 grammes d'eau et 15 grammes d'acide sulfurique (huile de vitriol) ; mettez également 15 grammes de limaille de fer, adaptez un bouchon à la bouteille qui ferme bien, percez-le dans le milieu et y faites passer un tuyau en verre, fer-blanc ou cuivre, de deux ou trois millimètres de diamètre au plus ; garnissez bien entre le bouchon et le tuyau, afin que le gaz ne puisse pénétrer ; levez votre tuyau de deux ou trois centimètres au-dessus de l'eau, afin de ne pas faire explosion. Une fois arrangé comme nous venons de le dire, présentez une chandelle allumée au bout du tuyau, vous aurez une belle lumière qui durera tant qu'il y aura du gaz dans la bouteille.

Bouteille lumineuse donnant une clarté suffisante pour laisser distinguer, la nuit, l'heure que marque une montre.

Prenez une fiole de verre blanc et clair de forme oblongue, mettez dans cette fiole un morceau de phosphore gros comme un pois, et versez par-dessus de l'huile d'olive que vous aurez fait bouillir ; la fiole devra être remplie au tiers ; bouchez-la hermétiquement ; quand on voudra s'en servir, on débouchera la fiole pour laisser passer l'air extérieur, et ensuite on la rebouchera. Alors l'espace vide de la fiole paraîtra lumineux, et sa clarté sera égale à celle d'une lampe. Si la lumière s'affaiblit, on lui donnera de la force en laissant pénétrer l'air au moyen du bouchon qu'on ôtera ; en hiver, il faudra chauffer la fiole avant de la déboucher ; ainsi préparée, elle peut servir pendant un an.

Faire sortir de la même bouteille de l'eau de plusieurs couleurs.

Que l'on mette dans une bouteille pleine d'eau une certaine quantité de poudre de bois d'Inde, et que l'on prépare quatre verres : l'un rincé avec de l'eau ordinaire, l'autre rincé avec du vinaigre, un troisième rincé avec une dissolution de potasse, le quatrième rincé comme le troisième et dans le fond duquel on aura mis un peu d'alun.

Si l'on verse le contenu de cette bouteille dans le premier verre, la liqueur sera rouge comme du vin; dans le second elle sera jaune comme de la bière ou de l'eau-de-vie; dans le troisième elle sera limpide et transparente comme de l'eau pure; dans le quatrième elle sera d'un rouge foncé.

Manière de fondre une pièce de monnaie dans une coquille de noix.

Prenez une pièce de six liards, et l'ayant ployée en deux, mettez-la dans une demi-coquille de noix que vous poserez sur un peu de sablon, afin qu'elle ne renverse point; remplissez cette coquille avec un mélange fait de trois **parties** de nitre bien pulvérisé que vous aurez fait sécher **dans** une cuiller que vous aurez fait chauffer ; ajoutez une **partie** de fleur de soufre et quelque peu de râpure de bois tendre bien tamisée ; mettez le feu à cette composition.

Aussitôt que ce mélange aura été enflammé et qu'il se sera mis en fusion, on verra au fond de la coquille le **métal** qui compose cette pièce entièrement fondu et très-ardent, sous la forme d'un petit bouton qui se durcira aussitôt que la matière qui brûle autour de lui sera consumée; la coquille qui aura servi à cette opération sera très-peu endommagée.

Recette pour composer une pierre qui donne du feu lorsqu'on jette une goutte d'eau dessus.

Prenez de la chaux vive, du salpêtre, de la tutie d'Alexandrie, du storax calamine, de chacun 30 grammes; du soufre vif, du camphre, 60 grammes de chaque; mettez le tout en pulvérisé très-fin pour le passer au tamis de soie ; enveloppez ce mélange ainsi tamisé dans un morceau de linge très-serré que vous mettrez dans un creuset; mettez un second creuset sur le premier et liez-le par-dessus avec un fil d'archal ; lutez ces creusets avec de la terre glaise que vous laisserez sécher au soleil afin que les vapeurs ne sortent pas ; mettez-les ensuite dans un four à potier , et les y laissez jusqu'à ce que la matière soit bien calcinée ; vous le connaîtrez à l'inspection des creusets ; qui doivent être d'un rouge clair ; vous les laisserez se refroidir avant de les déterrer. Lorsqu'on veut se servir de ce pyrophore , il suffit de jeter dessus une goutte d'eau ou de salive. Si l'on désire allumer une bougie par ce moyen, il faut avoir une mèche soufrée que l'on applique sur cette pierre au moment où l'inflammation doit paraître.

Manière de faire un électrophore pour électriser.

Faites construire un plateau rond en fer-blanc de vingt centimètres de diamètre, dont les bords aient environ trois centimètres de hauteur ; versez dedans un mélange bouillant fait avec parties égales de colophane, de cire, et d'un sixième de térébenthine. S'il se formait quelques fissures quand le mélange sera refroidi, il faudrait les refermer avec la même composition bouillante ; le plateau doit être entièrement plein et le mastic parfaitement uni ; cet appareil s'appelle, en physique , gâteau résineux.

Faites faire une rondelle de bois du diamètre de 2 centimètres et demi de moins que le plateau du gâteau résineux, et dont l'épaisseur soit de 2 centimètres environ , les bords bien arrondis ; collez sur cette rondelle des feuilles d'étain de manière à ce qu'elles soient bien unies ; nous appellerons cette rondelle le conducteur de l'électrophore. Au centre supérieur du conducteur est un bouton creux bien arrondi, dans lequel on implante une baguette de cristal assez fort pour pouvoir l'enlever ; si on n'a pas de baguette de cristal à sa disposition , il faut attacher un cordon de soie.

Comme l'humidité est presque le seul obstacle qu'il faut vaincre pour faire réussir ces sortes d'expériences , quand on a des appareils bien conditionnés , il faut avoir soin de présenter à une petite distance du feu toutes les pièces qui composent l'appareil , quand on voudra s'en servir.

Frottez ou frappez avec une peau de chat ou de lapin bien sèche la surface du gâteau résineux ; appliquez ensuite le conducteur de dessus, touchez en même temps avec deux doigts de la main la partie supérieure du conducteur et l'enveloppe métallique du gâteau résineux ; enlevez le conducteur par son manche qui doit être très-sec, approchez le doigt du conducteur, et vous retirerez une étincelle.

Remettez de nouveau le conducteur sur le gâteau résineux ; touchez la partie supérieure du conducteur et l'enveloppe du gâteau ; enlevez ce conducteur et tirez une nouvelle étincelle. Vous pourrez répéter un grand nombre de fois cette expérience sans qu'il soit nécessaire de frotter le gâteau résineux.

Moyen de rendre hideux les visages d'une réunion de personnes.

Mettez dans de l'esprit de vin du safran et de l'hydrochlorate de soude ; agitez cette liqueur, jetez dedans des étoupes enflammées et éteignez les bougies ; le visage de chaque personne paraîtra d'un vert livide, et les lèvres seront couleur de bronze.

Recette pour rendre le bois incombustible.

Faites dissoudre de la terre siliceuse dans de l'alcali caustique, et étendez cette liqueur sur le bois ; vous pourrez ensuite le jeter dans le brasier le plus ardent sans que le feu ait la moindre action dessus.

Fabrication de la poudre de chasse, de canon et de mine.

La poudre de chasse ou de mine est un mélange de nitre (salpêtre), de soufre et de charbon, dans les proportions suivantes :

Pour 50 kilo. de poudre de chasse, il y en a 39 de nitre, 5 de charbon et 6 de soufre. Connaissant la composition de la poudre, il est facile de la fabriquer : il faut un charbon léger (en France on se sert de bourdaine et de fusain) ; ce charbon se prépare dans des vases clos ; ce doit être un charbon très-homogène. On pulvérise le soufre dans un mortier avant d'opérer le mélange.

Les vases mortiers sont en bois et disposés sur une même ligne ; on entretient toujours les matières d'eau ; d'heure en heure on la change de mortier, en ayant soin d'entretenir la matière d'humidité, pour éviter l'inflammation ; on fait la poudre pendant quatorze heures, ensuite on retire cette pâte du mortier et on la laisse sécher au soleil ou à l'air chaud ; ensuite on procède au grenage, ce qui transforme le gâteau en poudre. Cette opération consiste à diviser la poudre sur un tamis en l'agitant fortement. La poudre étant en grains, il faut la lustrer ; on y parvient aisément en la plaçant dans des tonneaux que l'on fait tourner rapidement, alors les grains s'arrondissent et prennent un certain poli.

Il est à remarquer que plus les grains sont réguliers et fins, meilleure est la poudre.

Pour alimenter la poudre, il faut 7 kilo d'eau par 50 kilo. de matière.

Encres sympathiques ou de sympathie.

C'est le nom qu'on donne à toute liqueur avec laquelle on peut écrire sans que les caractères paraissent en aucune manière, et lorsqu'ils ne sont lisibles qu'après avoir employé quelques moyens qui leur donnent une couleur différente que celle du papier. Ces espèces d'encre peuvent devenir très-utiles dans bien des occasions ; par exemple, lorsqu'on craint que la lettre écrite à une personne ne soit interceptée par une autre à qui l'on veut cacher le secret, on écrit en caractères bien lisibles les choses tout à fait indifférentes ; mais dans les interlignes ont écrit avec l'encre sympathique ce qui ne doit être su que de la personne à qui la lettre ou le billet s'adressent ; cette personne intéressée à lire l'écriture invisible est instruite en même temps du procédé qui la fait paraître en caractères colorés et qui la mettent en état de la lire.

Écrivez avec une dissolution de vitriol vert, dans laquelle néanmoins vous aurez ajouté un peu d'acide ; cette solution étant absolument décolorée, on ne verra point l'écriture ; lorsque vous la voudrez voir, plongez-la dans une eau où aura été infusée de la noix de galle, ou imbibez le papier avec une éponge plongée dans cette eau : l'écriture paraîtra aussitôt.

Caractères qui ne deviennent lisibles qu'en les trempant dans l'eau.

Faites dissoudre 125 grammes d'alun dans un verre d'eau et servez-vous-en pour écrire ; si vous trempez ce papier

dans l'eau et que vous le présentiez au feu, vous distingue-
rez parfaitement les caractères, qui seront beaucoup plus
longs à s'imbiber. Mais, de toutes les encres sympathiques, la
plus curieuse est celle qu'on fait au moyen du cobalt; c'est un
phénomène fort remarquable que celui de voir paraître et
disparaître alternativement, et à son gré, des caractères ou
des dessins tracés avec cette encre; et c'est une propriété qui
lui est particulière, car les autres encres sympathiques sont,
à la vérité, invisibles tant qu'on ne leur applique pas d'ingrédient qui doit servir à les faire paraître; mais ayant une
fois paru, elles ne s'effacent plus; celle qu'on fait avec le cobalt paraît ou disparaît presque tant qu'on veut. Pour faire
cette encre il faut prendre du safre, que l'on trouve chez les
droguistes; faites-le digérer dans l'eau régale, en sorte qu'elle
tire ce qu'elle peut en dissoudre, c'est-à-dire la terre métallique du cobalt qui colore le safre en bleu; vous étendez
ensuite cette dissolution, qui est très-caustique, avec l'eau
commune, et vous pourrez vous en servir comme d'encre
pour écrire sur le papier; les caractères seront invisibles, car
cette solution est sans couleur sensible; mais si vous les exposez à une chaleur suffisante, ils paraîtront; lorsque vous
les aurez laissés refroidir, ils disparaîtront de nouveau.

Il faut pourtant observer que si on chauffait trop fort le
papier, ils ne disparaîtraient plus.

Caractères qui paraissent étant exposés au feu.

Prenez du jus de citron et servez-vous-en pour tracer avec
une plume neuve les caractères que vous voudrez sur le papier; l'ayant laissé sécher, si vous les exposez un peu au
feu, ils paraîtront aussitôt d'une couleur brune, attendu que
cet acide concentré par la chaleur brûlera un peu le papier
aux endroits où la plume aura passé. Ce même effet aura lieu
en employant différents acides ou les sucs de divers fruits.
Le jus de cerise donnera une couleur verdâtre; celui d'oignon,
une couleur noirâtre; l'acide vitriolique affaibli dans une
assez grande quantité d'eau, une couleur rouge; le vinaigre,
une couleur rouge pâle, etc.

Le degré de chaleur pour faire paraître ces différents acides n'est pas le même; le jus de citron est celui qu'il faut le
moins chauffer.

Régles générales pour fabriquer toutes sortes de liqueurs sans distillation.

Pour faire 10 bouteilles de liqueur, prenez 4 kilo. de sucre, 2 kilo. 750 grammes d'eau; quand le sucre est bien fondu, on y ajoute 2 kilo. et demi esprit de vin, et les essences et couleurs qu'on trouve dans les recettes suivantes; après on filtre le tout.

Manière de filtrer parfaitement et promptement.

Faites faire un filtre en molleton de la forme d'un cône, c'est-à-dire qu'il soit de 750 millimètres de hauteur sur 525 millimètres d'ouverture en haut, et le bas en pointe; vous y attachez 4 galons par le haut pour pouvoir le fixer sur deux bâtons que l'on met entre deux chaises. Il faut avoir soin le mouiller le filtre avant de s'en servir. Pour filtrer 40 bouteilles, on prend 5 feuilles de papier gris sans colle (on le connaît en le mouillant, la salive passe au travers aussitôt); on les casse bien menu en les jetant dans l'eau; on les réduit en pâte, en battant l'eau où l'on a mis le papier avec un morceau de bois à plusieurs branches; on met le tout dans un torchon ou tamis afin d'en sortir l'eau, et l'on jette ce papier dans la liqueur, ayant soin de bien mêler le tout afin d'en former une bouillie claire; on la jette aussitôt dans le filtre, ayant soin d'avoir un autre vase au-dessous pour la recevoir; on rapporte ce qui en sort, on le rejette dans le filtre jusqu'à ce qu'il soit clair; plus on le repasse dans le filtre, plus la liqueur devient claire. C'est la seule manière de filtrer toutes sortes de liquides promptement.

Pour faire le persicot.

Prenez 4 grammes d'essence de persicot que l'on met dans le vase où est la liqueur, comme le dit la règle générale; sans un filtre.

Huile de noyau.

4 grammes d'essence de noyau, et procédez de la manière ci-dessus, observant toujours pour faire dix bouteilles.

Huile de rose.

Prenez 10 gouttes essence de rose, on y ajoute la couleur

rose; 4 grammes extrait de rose peut remplacer l'essence, et la liqueur en est meilleure.

Huile de vanille.

8 grammes d'extrait de vanille, ou 10 gouttes essence, et la couleur rose.

Rosolio.

4 grammes extrait ou 10 gouttes essence, 5 gouttes essence de rose, 250 grammes d'eau de fleur d'orange, et la couleur rose.

Marasquin.

4 grammes essence de marasquin, 1 litre kirch-wasser, 500 grammes d'eau et 500 grammes d'esprit de vin de moins qu'il n'est parlé dans la règle générale.

Anisette.

6 grammes essence d'anis, 8 gouttes essence de cannelle de Ceylan.

Véritable Curaçao de Hollande.

8 grammes essence de curaçao, 6 gouttes essence cannelle de Ceylan, le sucre et l'eau ; on les fait bouillir cinq minutes avec le jus et la râpure de six oranges ; on les colore avec du caramel. Pour faire rougir le curaçao , on fait infuser dans l'eau pendant huit jours 15 grammes de cochenille pilée dans la même liqueur ; après on la filtre.

Huile d'ananas.

Prenez 500 grammes d'ananas râpés ; on les met huit jours infuser dans l'esprit de vin.

Crème de menthe verte.

Prenez 4 grammes essence de menthe et la couleur verte.

Citronnelle.

8 grammes essence de citron et la couleur j · : ı ·

Baume humain.

Trois gouttes essence de rose, 8 gouttes essence de cannelle, 24 gouttes essence de cédrat, 8 gouttes essence de macis.

Huile de rhum.

On remplace l'esprit de vin par le rhum, et l'on met l'eau à proportion du degré du rhum.

Cannelin de Corfou.

Prenez 2 grammes essence cannelle de Ceylan.

Alkermès de Florence.

Prenez 4 grammes de vanille, 4 grammes cardamomum, 4 grammes noix muscade, 8 grammes cannelle de Ceylan; toutes ces substances pilées et infusées trois jours dans de l'esprit de vin; après on y ajoute 5 gouttes essence de rose et la couleur rose.

Garofolino.

Prenez deux grammes essence de girofle et la couleur rose.

Extrait d'absinthe.

Prenez 4 litres esprit de vin, 8 grammes essence absinthe, 8 grammes essence de fenouil, 8 grammes essence d'anis, 2 litres d'eau et la couleur verte.

Huile de la Martinique.

Prenez 4 grammes essence de vanille, 8 gouttes d'essence de néroli, 8 gouttes essence de cannelle.

Crème de Nymphe.

Prenez 24 gouttes essence de cannelle de Ceylan, 12 gouttes de muscade, 4 gouttes essence de rose.

Huile de cinnamomum.

Prenez 2 grammes essence de cannelle de Ceylan; on colore jaune légèrement.

Rose blanche.

Prenez 10 gouttes essence de rose , 6 gouttes teinture de musc.

Ruga.

250 grammes de rue infusée huit jours dans de l'esprit de vin.

Eau de chasseur.

Prenez 36 gouttes essence de menthe , 12 gouttes essence de muscade , la couleur verte.

Eau d'or.

Prenez 6 gouttes essence de cannelle, 10 gouttes de macis, 4 grammes essence de citron ; on colore jaune paille avec du safran; quand c'est filtré, on y ajoute 1 feuille d'or pour chaque bouteille.

Eau d'argent.

Prenez 4 grammes essence de cédrat, 4 gouttes de rose ; après avoir filtré, on y ajoute 1 feuille d'argent pour chaque bouteille.

Eau des belles femmes.

Prenez 4 grammes d'essence de vanille, 8 gouttes essence de néroli, 2 gouttes essence de rose et la couleur rose.

Parfait amour.

Prenez 36 gouttes essence de girofle, 12 de macis, 4 grammes essence de citron et la couleur rose.

Coquette flatteuse.

Prenez 6 gouttes essence de rose , 12 gouttes teinture de musc, et 8 de cannelle de Ceylan.

Eau de noix.

Prenez 110 noix vertes pilées, 31 grammes de clous de girofle, 62 grammes de cannelle; infusez dans 20 litres d'eau-de-vie pendant un mois ; on la tire au clair et on y ajoute 10 litres de sirop ordinaire.

Elixir de Néroli.

Prenez 4 gouttes de myrrhe, 24 gouttes essence de né-roli, infusez huit jours dans de l'esprit de vin.

Huile de Thé.

Prenez 62 grammes de thé impérial, infusez huit jours dans de l'esprit de vin.

Huile de Girofle.

Prenez deux grammes essence de girofle et la couleur rose.

Crème de Cédrat.

Prenez huit grammes essence de cédrat ; avant de mettre l'essence et le papier, on fait bouillir le sirop quelques minutes, et on laisse refroidir avant de le filtrer.

Crème de Rose.

Prenez 10 gouttes essence de rose et la couleur rose, ayant toujours le soin pour les crèmes de laisser bouillir le sirop.

Crème de Jasmin.

Prenez 8 grammes essence de jasmin.

Crème à la fleur d'Orange.

On prend 500 grammes d'eau de fleur d'orange triple.

Crème du Portugal.

On prend 8 grammes d'essence de Portugal et la couleur

Ratafia de Grenoble.

Prenez 25 kilo. de cerises noires pilées ; on les laisse fermenter trois jours ; après on y ajoute 15 litres d'eau-de-vie, 62 grammes de cannelle, 31 grammes de noix muscade ; on laisse infuser le tout huit jours, on le tire au clair et on y ajoute 5 kilo. de sirop.

5

Ratafia de Coings.

Prenez 2 kilo. de coings ; infusez huit jours dans l'esprit-de-vin.

Ratafia de Fraises.

Le jus d'un kilo. et demi de fraises.

Ratafia de Framboises.

Le jus de 1 kilo. et demi de framboises.

Liqueur stomachique amère.

Prenez 54 grammes de cachou, 27 centigrammes d'aloès sucotrin, 4 grammes de myrrhe, 31 grammes de cannelle, le tout infusé huit jours.

Huile d'Éther.

Prenez 4 grammes d'essence de cédrat, 4 grammes d'éther sulfurique.

Huile de Kirsch-Wasser.

On remplace l'esprit par du kirsch, et l'on met de l'eau à proportion du degré.

Huile de Menthe.

Prenez quatre grammes d'essence de menthe et la couleur verte.

Huile de Violette.

Prenez 62 grammes de fleurs de violettes sèches, faites-les bouillir deux minutes avec le sucre et l'eau, comme pour la crème.

Huile de Myrrhe.

Prenez 31 grammes de myrrhe pilée ; infusez huit jours dans l'esprit-de-vin.

Huile Cordiale.

Prenez 8 gouttes essence de cannelle de Ceylan, 6 gouttes essence de girofle, 6 gouttes de muscade et 15 de menthe.

Rosolio de Breslau.

Prenez 4 grammes de vanille, 4 gouttes essence de rose, 6 gouttes de néroli, le jus de 6 oranges et 51 grammes de capillaire ; on fait bouillir le tout ensemble pendant cinq minutes ; on filtre quand c'est froid.

Règle générale pour faire les Glaces à la crème.

Prenez 1 kilo. et demi du meilleur lait, le jaune de huit œufs et 375 grammes de sucre; on fait cuire de la manière habituelle, avec les aromates que l'on trouve dans les recettes suivantes, selon la qualité que l'on désire faire. Il faut avoir le soin de la passer dans un tamis avant qu'elle soit froide.

Crème au Chocolat.

Prenez 188 grammes de chocolat superfin râpé et mis dans la crème, que l'on peut faire de deux autres manières, la première au bain-marie et la deuxième entre deux feux doux. On peut la faire aussi en mettant de la crème de lait avec moitié lait; on y met le sucre et on la fait réduire au tiers; on la met froidir, on met les aromates pendant un instant dedans, on la passe au tamis, et on la fait prendre entre deux feux doux.

Crème de Café.

Prenez 188 grammes de café grillé que l'on met entier dans la crème, et l'on procède comme il a été dit ci-dessus.

Crème à la Vanille.

4 grammes de vanille première qualité.

Crème aux Amandes grillées.

Prenez 125 grammes d'amandes amères, coupées en quatre et grillées comme le café.

Crème aux Pistaches.

Prenez 125 grammes de pistaches; on les fait blanchir dans de l'eau chaude, puis on les pèle, et on les coupe en quatre.

Crème à la fleur d'Orange.

Prenez 125 grammes de fleur d'orange confite bien pilée avec le sucre.

Crème au Cédrat.

Prenez la râpure de 4 cédrats.

Crème à la Cannelle.

Prenez 16 grammes de cannelle.

Pour faire les Glaces aux Fruits.

Prenez 1 kilo. de sirop bien cuit, 506 grammes d'eau avec les parfums indiqués ci-dessous. Il faut avoir le soin de passer le sirop dans un tamis avant de glacer.

Procédé pour Glacer sans le secours de la Glace.

On fait mettre dans trois bouteilles différentes de l'acide muriatique, 750 grammes chaque bouteille, et dans trois poches différentes, 1 kilo. 515 grammes de sulfate de soude chacune. On prend un pot à fleurs de la contenance de 4 à 5 litres ; on bouche le trou qui est au fond, on met son sirop ou sa crème à glacer dans une sabotière en fer-blanc ; il faut avoir eu le soin de la vernir au vernis copal, afin que l'acide ne ronge pas la sabotière. On verse une poche de sulfate de soude dans le pot à fleurs, et une bouteille d'acide : on le remue bien ; il faut le moins possible respirer le gaz qui s'échappe en ce moment, et qui n'est 'autre chose que l'acide sulfurique ; on met aussitôt la sabotière en mouvement comme pour les autres glaces, en prenant garde de ne la laisser que de 15 à 20 minutes dans ce froid, qui diminuerait après ce laps de temps ; il faut avoir le soin de remuer le sirop dans cet intervalle deux ou trois fois.

On met cet acide dans un autre vase, et l'on remet la deuxième poche de sulfate de soude et une autre bouteille ; on procède de la même manière que la première fois, en le remuant avec une spatule de fer tout autour de la sabotière, afin de déprendre la glace qui doit commencer à se former ; au bout de 20 minutes on remet la troisième dose dans le pot, et on commence à détacher les glaçons qui se forment bien rapidement au bout du temps dit ; on peut laisser la sabotière dans l'acide une heure et plus jusqu'au moment de la servir ; on doit toujours opérer dans un lieu frais. Cette méthode est toute nouvelle ; elle ne revient pas plus cher que d'acheter de la glace, et elle a l'agrément de se faire en tout lieu.

Pour faire le Sirop de Fraisier.

Il faut suivre la règle en tête des glaces, et y ajouter les parfums ci-dessous, le jus de 4 kilo. de fraises et de 3 citrons.

Glace au Citron.

Le jus de 12 citrons.

Glace aux Framboises.

Le jus de 1 kilo. de framboises et celui de 3 citrons.

Glace aux Pêches.

Le jus de 1 kilo. de pêches et de 3 citrons.

Glace aux Abricots.

Le jus de 1 kilo. d'abricots et de 3 citrons.

Glace à la Rose.

Prenez 500 grammes d'eau de rose et le jus de 6 citrons.

Glace à la Fleur d'Orange.

Prenez 188 grammes d'eau de fleur d'orange et le jus de 6 citrons.

Glace à la Cannelle.

Prenez 188 grammes d'eau de cannelle et le jus de 6 citrons.

Glace au Marasquin.

Prenez 20 gouttes d'essence de marasquin, et le jus de 4 citrons. On peut en faire, comme on le voit, de tous les goûts, avec les essences et le jus de citron.

Procédé pour faire les Prunes au Sirop.

Il faut prendre les prunes vertes les plus belles, lorsqu'elles n'ont pas commencé à mûrir ; on les pique avec une épingle jusqu'au noyau, on leur fait cinq ou six trous chacune, ou leur coupe le petit bout de la queue, et on les jette à mesure dans l'eau fraîche ; on met la bassine ou chaudron sur le feu, et on laisse prendre un seul bouillon à l'eau pour faire blanchir les prunes ; si elles étaient trop mûres, elles deviendraient jaunes avant que l'eau eût bouilli, et monteraient au-dessus de l'eau ; alors il faudrait les ôter et les jeter dans l'eau fraîche. Mais quand elles sont à leur point, elles blanchissent légèrement ; alors on les ôte et on les jette dans l'eau froide ; puis on les égoutte sur une toile métallique ; le lendemain, on met du sucre sur le feu et on le fait cuire à la nappe ; on y verse de l'eau pour le mettre au petit lissé, et on y place les prunes qu'on laisse bouillir 5 à 6 minutes ; on retire la bassine du feu , et l'on procède de la même manière le lendemain ; pendant' quatre jours on répète la même opération, en séparant toujours le fruit du sucre , quand il y est resté 3 ou 4 heures, et en donnant un degré de cuisson de plus à ce dernier : dans les dernières opérations, on laisse bouillir le fruit avec le sucre ; lorsque ce dernier est perlé, on fait reposer le tout dans une étuve ou endroit bien chaud, deux nuits, pour retirer les prunes au sec et les égoutter sur la toile métallique. On ne doit pas douter qu'il n'y ait que les prunes reine-Claude que l'on confie au liquide.

Sirop pour les Prunes.

On met sur le feu de la cassonande blanche avec un peu d'eau pour que le sucre ne brûle pas ; quand il est bien fondu , on met un blanc d'œuf dans l'eau, que l'on a eu le soin de bien battre ; quand le sirop commence à monter, on y met un peu de cette eau ; ça fait descendre le sucre et entraîne la crasse toute d'un côté ; pour cela on pousse le feu un peu en avant, de manière que le bouillon pousse la crasse ;

quand le sucre est bien écumé , on le retire du feu , et quand il est froid, on y ajoute un quart de son volume d'eau-de-vie, avec quelques gouttes d'essence de menthe ; puis on met ses prunes dans ce sirop , qui se conserve très-bien et sans fermentation.

Sirop de Gomme.

On fait fondre du sucre en pain en y mettant de l'eau, afin qu'il ne brûle pas ; on le fait bien écumer en mettant du blanc d'œuf battu dans de l'eau , afin d'enlever la crasse qui se forme autour ; pour 5 kilo. de sucre, on fait fondre 750 grammes de gomme dans 6 litres d'eau , et on la met avec le sucre à cuire un instant ; on fait comme il a été dit pour l'orgeat.

Pour faire le Rhum avec de l'esprit de vin.

Prenez 400 litres d'esprit de vin à 33 degrés ;

500 grammes d'écorce de bois de chêne pilé frais ;

62 grammes de cayenne des Indes , ou piments rouges d'Espagne ;

16 grammes cachou pilé ;

8 grammes clous de girofle;
51 grammes vanille première qualité, coupée bien fine ;
8 grammes de goudron liquide.

On laisse infuser le tout 15 jours ; après on y ajoute 40 litres d'eau, et l'on colore avec la même couleur d'eau-de-vie.

On ajoute à ce mélange le dixième de vrai rhum de la Jamaïque, et on filtre comme il a été dit pour les liqueurs ; on le met soit en pièces, soit en bouteilles bien cachetées.

Pour donner le goût de vieux à une Eau-de-vie nouvelle.

Il faut mettre par barrique d'eau-de-vie 4 bouteilles de bon rhum bien moelleux, et ajouter 5 kilo. de sucre bien cuit et bien filtré ; afin qu'il ne trouble pas l'eau-de-vie, on mêle ce sirop avec deux fois autant d'eau-de-vie, avant de le mettre dans la barrique ; si ce mélange devenait trouble, il faudrait le filtrer avant de le mettre dans la barrique, et l'on donne un coup de fouet à l'eau-de-vie, afin de bien mêler le tout.

Pour ôter l'âpreté de l'Eau-de-vie.

En mettant, par valeur d'un litre d'eau-de-vie, une ou deux gouttes au plus d'alcali volatil, et mettant 10 litres de sirop de sucre blanc parfaitement clarifié dans la barrique, que l'on a le soin de fouetter, afin de bien mêler.

Clarifier l'Eau-de-vie quand elle est trouble.

On la colle avec de la colle de poisson préparée comme pour la bière ; à cet article, nous donnerons la manière de l'employer.

Procédé pour faire la Bière économique dans une maison bourgeoise, sans ustensiles de brasserie.

Remplissez une barrique contenant de 110 à 120 litres d'eau ; si vous avez un vase assez grand pour pouvoir mettre le tout au feu, la bière n'en sera que meilleure : le procédé est le même. Je suppose que vous ne puissiez mettre que 40 litres dans un chaudron, vous mettez dedans 2 kilo. d'orge grillée comme on grille le café (si vous pouviez prendre de l'orge germée chez un brasseur, vous la feriez bien meilleure ; vous pourriez la moudre vous-même, en desserrant la noix d'un moulin à café), vous mettez, dis-je, ces **2 kilo.** d'orge grillée, à défaut de celle germée, avec 4 kilo. de farine de froment avec le son, 5 pieds de veau bien frais, 125 grammes graines de genièvre, 31 grammes de cannelle ; on fait bouillir le tout pendant trois heures entières ; on y ajoute, au bout d'une heure de cuisson, 500 grammes de fleur de houblon bien grasse ; en la pressant avec les doigts, il se répand une odeur fort agréable, et le suc vous tient aux doigts ; il faut prendre celles-là de préférence à celles qui sont sèches en les frottant ; au bout des trois heures de cuisson, vous passez la bière par un tamis de crin, et vous la mettez dans la barrique, où il reste 60 litres d'eau. Il faut prendre garde qu'en la mettant dedans, le tout ne devienne trop chaud. Il vaudrait mieux attendre une demi-heure avant de la remplir, parce que le tout ne doit être que tiède, afin que le levain fasse son effet. On mettra séparément, dans de l'eau en suffisante quantité, 10 kilo. de gros sucre ou sirop, que l'on fera bien fondre et que l'on mettra dans le tonneau en même temps que la bière ; quand le tonneau sera plein, on retirera un litre de bière, pour faire dissoudre 500 grammes de levain de bière que vous vous serez procuré chez un brasseur ; il vaut mieux en mettre plus que moins ; quand le levain est bien dissous, on le met dans la barrique, dont le liquide ne doit être que tiède ; on remue avec un morceau de bois, afin que le levain se mêle bien avec la bière, et l'on a le soin de tenir la bonde de la barrique de côté, afin que cela facilite la sortie de l'écume. Il faut toujours que le tonneau soit bien plein, afin que ça sorte facilement de la bonde ; on la laisse jeter tant qu'elle peut ; quand elle a fini, on bonde la barrique, que l'on laisse reposer quelques jours, afin qu'elle soit claire pour la mettre en bouteilles. Si elle ne s'éclaircissait pas seule, ce qui arrive quelquefois, on la colle comme il est dit plus bas, et au bout de 36 à 48 heures, on la met en bouteilles.

Manière de faire de la Bière de ménage dans quelques parties de la Flandre.

On fait germer l'orge dans un endroit bien frais ; quand le germe est assez sorti, on la laisse sécher sur un plancher bien sec et bien aéré, on la passe sur une tôle qui a du feu dessous, de manière à ce que l'orge sèche doucement; puis on la met au moulin, où elle est réduite en farine grossière : cette farine, après quelques jours de repos, sert à former une pâte qu'on fait cuire pendant deux heures dans un four bien chaud, et qu'on coupe ensuite par tranches qu'on écrase et qu'on mélange avec une petite quantité d'eau.

Le cuvier doit être préparé d'une manière analogue à celle qu'on emploie pour faire la lessive; percé au fond d'un trou qu'on peut boucher et déboucher avec une bonde, des bâtons placés à 5 centimètres de distance les uns des autres garnissent son fond; on les couvre de paille de seigle saupoudrée ensuite d'une corbeillée de menue paille, sur laquelle on place la pâte d'orge germée, préparée ainsi qu'il est dit ci-dessus.

Pour faire la bière le soir, il faut commencer à pétrir à midi, et faire l'espèce de pain rond de la grosseur d'un pain de 4 kilo. et demi: la pâte doit être retirée du four une demi-heure après que le houblon est cuit.

Le houblon doit être tenu dans l'eau bouillante pendant deux heures, après quoi il est versé sur la menue paille placée dans le cuvier avec l'eau qui a servi à la cuisson; on verse ensuite 100 litres d'eau bouillante sur le tout, et l'on agite d'une manière continue, avec une pelle de bois, tout le mélange qui se trouve au-dessus de la paille de seigle ; ensuite on laisse reposer pendant une heure au moins, et l'on peut après soutirer la bière.

Lorsque la bière a été soutirée, on la laisse refroidir; on en prend un seau dans lequel on met 500 grammes de levure et une couple d'assiettées de farine de seigle, de blé ou d'avoine, qu'on délaye avec soin dans le seau; après que le mélange a reposé suffisamment, on le verse dans la bière, on remue le tout avec soin, et ensuite on l'entonne.

La fermentation commence 6 à 8 heures après que la bière a été entonnée; elle dure tumultueuse pendant 10 à 12 heures, suivant la température de l'atmosphère.

Pour faire 1 hectolitre de bière, il faut employer 1 kilo. et demi de houblon de bonne qualité, 1 kilo. et demi de farine d'orge germée et réduite en grosse farine, et un peu plus de 100 litres d'eau.

Savon pour noircir les Moustaches et les Favoris.

Prenez 62 grammes de suif de mouton, 31 grammes de

poix que l'on rend liquide, 15 grammes de pierre noire tamisée, 15 grammes de laudanum et de vernis; on ajoute à ces matières de la lessive de cendre de saule; on fait un mélange bien exact, et on le parfume avec de l'ambre et du musc; on peut aussi se les noircir en se frottant souvent avec du bois de sureau.

Eau parfumée pour faire tenir les cheveux bien lisses et brillants.

On fait fondre de la gomme arabique dans de l'eau; on la réduit en consistance d'huile en l'allongeant avec de l'eau; on passe à travers un papier gris; on y met par litre 31 grammes de sucre blanc fondu et bien clarifié; on le remplace par le sirop de gomme, c'est plus tôt fait; on ajoute à ce cosmétique le parfum que l'on désire; on peut en faire de toutes les couleurs pour la toilette des dames; on emploie les mêmes couleurs pour les extraits.

Pour faire le Fard végétal pour dames.

Il suffit de faire une pommade ordinaire et sans odeur, dans laquelle on met du carmin bien fin selon la qualité, ou de la gomme; il faut qu'il soit tamisé bien fin, et on le mêle quand la pommade est tiède; c'est la meilleure gomme végétale. Toutes celles qui sont minérales détruisent les couleurs naturelles; il est donc dangereux d'en employer.

Pour faire le Vinaigre des Quatre Voleurs.

On prend les sommités sèches de grande absinthe, de petite absinthe, de romarain, de sauge, de menthe aquatique et de rue, de chacune 62 grammes; ail, racine d'écorce odorante, écorce de cannelle, clous de girofle, noix muscade, de chacune 8 grammes; vinaigre rouge, 4 kilo.; on casse la cannelle; on râpe la muscade; on broie l'ail dans un mortier de marbre, et on coupe les plantes en morceaux; on introduit toutes ces substances dans un grand matras; on ajoute le girofle entier, puis le vinaigre; on laisse macérer le tout pendant un mois; on passe ensuite avec pression, et l'on filtre.

On ajoute à la liqueur filtrée: camphre, 16 grammes dissous dans assez d'alcool, 16 grammes acide acétique; on agite bien le tout, et on le conserve dans un vase bien bouché.

Vinaigre aromatique à l'Estragon.

On prend des feuilles d'estragon récentes et mondées, 500 grammes; vinaigre fort, 6 kilo.; on laisse infuser le tout 15 jours, et on filtre.

Vinaigre Framboisé.

On prend des framboises fraiches et séparées dans des calices, 1 kilo. et demi; vinaigre rouge et fort, 1 kilo., on laisse macérer 4 ou 5 jours; on passe sans presser, puis on filtre.

Vinaigre de Lavande.

Fleurs sèches de lavande, 250 grammes; vinaigre fort, 4 kilos; on laisse macérer le tout 15 jours dans un vase fermé, en agitant de temps en temps; on passe ensuite et l'on filtre; on prépare ainsi toute sorte de vinaigres par la macération.

Vinaigre Camphré.

Ce vinaigre, employé aux mêmes usages que celui des quatre voleurs, s'obtient ainsi : on réduit en poudre dans un mortier de verre ou porcelaine 4 grammes de camphre, en se servant de quelques gouttes d'alcool ou d'éther; lorsqu'il est pulvérisé, on ajoute peu à peu l'acide acétique, on met le tout dans une bouteille de vinaigre fort, et l'on y ajoute 4 grammes acide acétique, puis on filtre.

Procédé pour préparer une liqueur qui pénètre dans le marbre, de manière à peindre dessus et que ça paraisse être dedans.

Prenez de l'eau forte et de l'eau régale de chacune 62 grammes, 34 grammes de sel ammoniac, 8 grammes esprit-de-vin, autant d'or qu'on peut en avoir pour cinq francs, et 8 grammes d'argent pur; après vous être pourvu de ces matériaux et avoir calciné l'argent, mettez-le dans une fiole, et, ayant versé dessus les 62 grammes d'eau forte, laissez-le évaporer, vous aurez une eau qui donnera d'abord une couleur bleue, et ensuite une couleur noire. Calcinez pareillement l'or, mettez-le dans une fiole en y ajoutant l'eau régale, laissez-le évaporer; ensuite versez votre esprit-de-vin sur le sel ammoniac, et laissez-le aussi évaporer; vous aurez une eau couleur d'or, qui fournira différentes couleurs. Vous pouvez de cette façon extraire beaucoup de teintures de couleurs, en calcinant d'autres métaux; cela fait à l'aide de ces deux eaux, vous pouvez peindre tout ce que vous voudrez sur du marbre blanc de l'espèce la moins dure, et renouveler au bout de quelques jours de l'autre côté.

Manière de peindre un Tableau en deux heures.

On prend une estampe qui soit sur du papier le plus fort possible; on met le côté imprimé sur une serviette, et l'on mouille le dos avec une éponge et de l'eau bien claire; quand l'estampe n'est qu'humide, on la colle sur un châssis de grandeur convenable, de manière à ce que la gravure soit en dessus du châssis; on a un autre châssis qui entre juste dans celui-ci, sur lequel on met une toile dont on donnera plus bas la préparation. Quand votre estampe est bien sèche, on la pose sur une table à plat, afin que le vernis ne coule pas; on passe du vernis sur le dos de la gravure, et, quand il est sec, on en passe une autre couche de l'autre côté, en prenant les mêmes précautions; on passe ainsi plusieurs couches, afin de la rendre transparente comme une glace : on doit en ce temps voir les traits de chaque côté; on passe le vernis deux fois de plus sur le dos, il aide à fondre les nuances et à raffermir le papier.

On broie parfaitement les couleurs, seulement plus épaisses que pour peindre le tableau : le blanc de plomb, le vermillon, le bleu de Prusse, le jaune d'ocre clair, le jaune de Naples, le rouge d'Angleterre, le rouge de Prusse, l'ocre de rue, la terre d'ombre, la terre verte et le vert-de-gris, se broient à l'huile d'œillette.

Le carmin, la laque, le stil de grain de Troyes, le jaune de Russie et le jaune de roi se broient à l'huile siccative.

Le noir d'ivoire, avec l'huile siccative et l'huile d'œillette coupée.

Pour peindre, on tourne le tableau le côté imprimé au jour, et l'on peint derrière, ayant soin de ne pas s'écarter des traits; on fait de la même manière qu'il est indiqué ci-dessus pour la peinture sur verre; quand le tableau est fini de peindre, on passe sur l'autre châssis couvert d'une toile de la céruse broyée à l'huile siccative, on le met dans celui où est peint le tableau, de manière que, bien serrés dans cette position, et les laissant deux ou trois jours sous presse, ils se collent parfaitement. Au bout de ce temps, on coupe avec précaution le tour de la gravure, et votre tableau est ainsi sur toile parfaitement solide; on donne une couple de couches de vernis sur la gravure, puis on l'encadre de manière à ce que les lettres en blanc du papier paraissent, afin de cacher le moyen que vous avez employé.

Procédé pour détacher les tableaux peints à l'huile qui sont sur de vieilles toiles, et les mettre sur des toiles neuves.

On détache le tableau de son cadre en le fixant sur une table bien unie, la peinture dessus; il faut qu'elle ne fasse aucun pli; on donne une couche de colle forte sur la peinture; on applique au fur et à mesure de grandes feuilles de papier blanc; on les étend parfaitement et on les laisse sécher; on décloue ensuite et l'on retourne la toile en dessus: le papier se trouve alors en-dessous; on mouille une éponge d'eau tiède, et l'on imbibe peu à peu toute la toile, en essayant de temps en temps de la déprendre de la peinture. Vous détacherez alors un côté de la toile, ayant soin de la rouler à mesure qu'elle se déprend : il ne faut pas craindre de renouveler souvent l'eau, afin de ne pas enlever la peinture avec la toile; quand la toile est toute enlevée, on lave bien le derrière de la peinture, afin d'enlever l'ancienne colle qui y est; tout cela doit être fait avec beaucoup de propreté et de précaution. Quand la peinture est sèche, on lui donne une couche de colle forte, avec quoi on a enduit de l'autre côté de la peinture; vous y mettez votre toile neuve, que vous aurez laissée plus longue et plus large, afin de pouvoir clouer sur le châssis. On passe légèrement une molette, afin de bien faire prendre la toile sur la colle ; vous laissez sécher et donnez une couche de la même colle sur la toile, ayant soin de passer la molette aussitôt la colle mise dessus, afin de la faire rentrer à travers la toile, et pour aplatir les fils trop gros qui s'y trouvent; quand le tout est bien sec, on la cloue sur son cadre, de manière que ça ne fasse pas de plis; cela fait, avec une éponge mouillée d'eau tiède, on imbibe le papier : pour les ôter de dessus la toile, on lave bien pour détacher la colle : quand le tout est bien sec, on vernit le tableau.

Manière d'ôter les Taches d'encre sur des estampes, modèles, gravures, lithographies, etc.

On étend la gravure sur une table propre; on tient d'une

main de l'eau forte dans une bouteille, et de l'autre de l'eau ordinaire; on laisse tomber de l'eau forte sur la tache assez pour la couvrir. Quand elle est passée, on y jette aussitôt de l'eau, afin d'ôter l'action de l'eau forte, qui rendrait le papier jaune et le brûlerait. On l'étend après sur une corde, et on le laisse sécher.

Procédé pour blanchir les Estampes et leur donner le premier lustre.

Il faut faire une petite lessive avec des cendres de sarments de vigne; un demi-boisseau de cendres suffit pour deux seaux d'eau de rivière; on fait bouillir le tout pendant sept ou huit heures. Quand la lessive est parfaitement reposée, au bout de sept ou huit jours (ou on la filtre à la chaux, si l'on est pressé), on la tire au clair, on lie ensemble toutes les estampes que l'on veut nettoyer, avec une ficelle entre deux cartons, de manière à ce que la lessive puisse passer dans l'intérieur; on les mettra bouillir un quart d'heure dans cette lessive, on les retire ensuite, on détache la ficelle, puis on les mettra sous une presse, afin d'en faire sortir la lessive, qui sera imprégnée de leur crasse; on laisse sous presse un quart d'heure, ensuite on les remet dans **la même** lessive, puis sous presse comme avant, on répète cette opération trois ou quatre fois, selon le besoin, et on les met bouillir dans un chaudron d'eau claire pendant un quart d'heure, afin d'en tirer la lessive; on les trempera ensuite dans de l'eau d'alun, afin de remettre la colle qu'elles auraient perdue en bouillant, puis on les met sécher sur des ficelles, dans un endroit où il ne se fait pas de poussière.

Pour faire avec du vin blanc, sans le secours d'aucun acide, un Vin mousseux et si doux qu'on le prendrait pour du Champagne.

Il faut, autant que possible, que le raisin soit ramassé dans un beau temps; on remplit une barrique à moitié de vin de goutte; on fait brûler un mètre 30 centimètres de mèche; on bat bien le vin pendant un quart d'heure; on fait le plein de la barrique; le lendemain on ôte encore la moitié du vin, on fait brûler encore 1 mètre 30 centimètres de mèches, et on bat encore le vin; on répète cette opération quatre ou cinq fois dans autant de jours, et on le laisse reposer.

Le vin reposé, on le tire au clair, ce qui est au bout de trois ou quatre jours ; il ne craint jamais de fermenter, et se garde parfaitement : on l'appelle vin muet, car il n'a pas bouilli, ce qui lui fait conserver sa douceur.

Pour conserver les Fruits en général.

Il faut les prendre lorsqu'ils ne sont pas tout à fait mûrs, les mettre dans un endroit chaud pendant quelques jours, afin d'en retirer l'humidité. On a une caisse ou une barrique parfaitement close ; on y met une couche de son de farine bien sec, et une couche de fruits, ayant soin qu'ils ne se touchent pas ; on en remplit ainsi le tonneau que l'on fonce parfaitement, et que l'on met dans un endroit sec : on a dû prendre le soin de ne pas en mettre qui soient piqués, et il faut cacheter ceux qui ont leur queue.

Autre moyen pour conserver les Fruits.

Ayant cueilli par un temps sec des fruits qui ne sont pas piqués, on les met dans une étuve pendant quatre ou cinq jours ; au bout de ce temps, on fait fondre de la cire blanche dans laquelle on met un peu de suif, et l'on trempe les fruits dedans pour qu'ils s'imbibent d'une couche égale ; il faut que la cire ne soit que tiède, afin de ne pas échauder le fruit ; si une couche n'a pas garni parfaitement, on en met une autre ; on a le soin de les envelopper dans du papier et de les mettre dans du son. On n'a qu'à presser le fruit quand on veut le servir, et la coque de cire se brise aussitôt. Ce moyen revient un peu cher pour le premier déboursé, mais la cire ne perd pas sa qualité et a toujours son prix.

Empêcher l'Huile de rancir.

L'huile se rancit par le contact de l'air et l'absorption de l'oxygène ; il suffit donc de mettre par chaque bouteille d'huile 5 centimètres de hauteur d'eau-de-vie ou esprit-de-vin, de manière que la bouteille soit parfaitement pleine ; on la bouche avec une vessie : il faut les tenir debout.

Conserver le Lard frais sans saumure.

Après qu'il est resté dix-sept jours dans le sel, on le met dans une caisse bien entourée de foin de toutes parts ; on peut en mettre l'un sur l'autre en évitant qu'il se touche ; il se conserve très-longtemps sans rancir, et acquiert un goût excellent.

Distinguer les bons Champignons d'avec les mauvais.

Lorsqu'on voudra préparer des champignons comestibles, il faudra prendre la moitié d'un oignon blanc ordinaire , dépouillé de sa membrane externe ; on le mettra cuire avec les champignons ; si la couleur de l'oignon vient brune , ou noire, ou bleuâtre, c'est un signe évident que parmi eux il y en a de vénéneux ; si , après une ébullition convenable , il ne change pas de couleur, on n'aurait à craindre aucun accident.

Contre les Vers qui se mettent au Fromage.

Brûler jusqu'au blanc des os de boucherie, les pulvériser et les tamiser ; on le saupoudre partout ; la mouche ne peut y pénétrer, et ils se conservent longtemps ; à mesure que l'on en prend, on racle le dessus, afin d'ôter la crème où se trouve la poudre.

Conserver les Oranges et les Citrons.

Il faut les prendre bien sains , et faire sécher du sable dans lequel on les met, afin qu'il n'y ait pas d'humidité , et mettre la caisse ou tonneau dans un endroit bien sec ; ils se conservent ainsi six mois et plus.

Pour ôter du Poisson l'odeur forte.

Il faut le nettoyer et l'échauder plusieurs fois , suivant le besoin , ayant soin de mettre une poignée de sel dans la première eau , et, quand il ne sent plus , le laisser dans de l'eau la plus froide possible pendant une couple d'heures.

Empêcher que le Lait ne se gâte à la chaleur.

On met fondre 8 grammes de sel alcali de tartre dans une demi-bouteille d'eau chaude ; on en met une cuiller à bouche par demi-bouteille de lait.

Conserver le Lait en bouteilles deux ans et plus.

On le met en bouteilles bien bouchées, et le laissant au bain-marie pendant douze heures ; il diminue de moitié, et l'eau contenue s'évapore par le bouchon ; après cette heure , on cachette les bouteilles. Il se conserve ainsi deux ans et plus.

Enlever au Beurre sa rancité.

On bat le beurre dans une quantité d'eau suffisante , contenant 25 à 30 gouttes de chlorure de chaux par 1 kilo. de beurre ; après l'avoir bien battu , on le laisse reposer deux heures, et on le rebat dans de l'eau fraiche : le même moyen enlève le mauvais goût du beurre frais.

Enlever la rancité de la Graisse.

On fait refondre la graisse dans de l'eau bouillante , ou bien on y met , quand elle est fondue , une quantité d'alcool égale à son poids ; on obtient un résidu formé d'olénie et de stéarine non altérés, l'acool contient un extrait jaune acide, semblable au résidu que donne l'eau qui est sortie de la graisse en la distillant, qui vient à sa surface , et qui ne sont autres que des acides oléiques et margariques.

Conserver les œufs longtemps.

On les plonge dans un lait de chaux où l'on met de la craie ; la matière, s'attachant aux parois de la coquille, bouche les pores , et empêche l'air d'y pénétrer, ce qui les fait gâter, et on les met dans une cave.

Pour connaître quand l'huile d'olive est falsifiée.

On met dans une fiole 94 grammes d'huile à essayer, et 5 grammes de nitrate acide de mercure ; on bouche la fiole d'un parchemin mouillé , et on remue bien la bouteille , de dix minutes en dix minutes, pendant deux heures. Le mélange blanchit durant l'agitation ; on débouche alors la fiole ; on la met dans une cave jusqu'au lendemain ; si elle est pure , elle se congèle et vient en consistance de suif d'une couleur jaune citron. S'il y a dessus de l'huile ou autre fluide plus ou moins transparent et rempli de petits grumeaux , c'est un fait certain qu'elle est mêlée avec de l'huile d'œillette, de noix ou de colza ; ces dernières huiles viennent au-dessus de l'huile pure.

Pour faire du Vinaigre de râpe qui ne se décompose jamais.

On prend des râpes aussitôt que l'on a cueilli les raisins ; il ne faut pas que la râpe ait bouilli ni qu'elle ait été pressée.

On a égrainé les raisins , on a bien lavé les râpes à plusieurs fois, et on les a mises sécher au soleil ou dans un four; plus elles sont sèches , meilleures elles sont.

On défonce une barrique par un bout ; on établit au milieu , c'est-à-dire jusqu'à la bonde, un cercle en bois retenu avec des taquets cloués en dedans de la barrique, afin de pouvoir faire un lit à supporter la râpe que l'on met dessus ; on met sur ce lit deux ou trois couches de sarments de vigne, en travers les unes des autres, afin que ça ne fléchisse pas ; on met la râpe par-dessus, jusqu'à hauteur du fond de la barrique, de manière que le fond soit vide jusqu'au milieu , et que du milieu où est ce support jusqu'en haut elle soit pleine de râpe.

On verse un seau de vin le premier jour; il faut que le vin n'ait aucun goût , si ce n'est celui d'aigre ; on couvre la barrique avec une couverture, et aussitôt la râpe, s'échauffant, aigrit le vin que l'on y a mis; le surlendemain on y met un autre seau de vin avec les mêmes précautions. On a le soin de mouiller la râpe également; il faut tous les jours mettre un seau de vin sur la râpe, jusqu'à ce que le vin vienne à fleur du lit que l'on a fait avec les sarments. Il est aisé de s'en assurer en perçant un trou à travers et à hauteur voulue. On tire par ce trou 'un seau de vin , et on le remet sur la râpe ; on continue ainsi jusqu'à ce que le vinaigre devienne fort. On peut passer sur une barrique de râpe dix barriques de vin, et les rendre toutes en excellent vinaigre qui ne se corrompt jamais; on lui donne le nom de vinaigre naturel , car il n'entre aucun ingrédient pour le faire. Il faut avoir le soin de ne jamais laisser sécher la râpe, car elle moisirait et perdrait le vinaigre. Aussitôt que l'on a fini, il faut la retirer, et mettre le vinaire en barrique.

Eau conservatrice pour les Oiseaux empaillés.

On prend seize parties d'eau, quatre parties de chlorure de chaux , sulfate d'alumine de potasse deux parties, salpêtre ou nitrate de potasse une partie, le tout mêlé ensemble ; on en passe avec un pinceau dans l'intérieur des oiseaux à conserver.

Pour empêcher que les Verres à Quinquets ne cassent au feu.

Il suffit de couper le bas du verre avec un diamant d'une longueur de 16 à 20 millimètres.

Moyen de se procurer de l'Acool bien rectifié pour diverses opérations indiquées dans notre livre.

On prend de la potasse bien desséchée ; on la verse sur l'esprit de vin ; l'alcali s'unira à l'eau, et l'esprit de vin plus pur surnagera ; on le décante alors, et l'on répète l'opération jusqu'à ce que la potasse que l'on met dans l'esprit-de-vin ne sorte plus humectée ; il devient très-pur par ce moyen, mais il se colore un peu ; il faut le distiller dans une cornue, et n'en retirer que les quatre premiers cinquièmes, qui seront parfaitement rectifiés.

Faire d'excellent Bischof d'Oranges.

On prend trois verres de lait bouilli, un verre de kirschwasser, trente-trois centigrammes de sucre, des rouelles d'oranges sans écorce ; on fait bouillir le tout quelques minutes.

Procédé pour faire une Glacière de Ménage.

On prend une futaille, vieille ou neuve ; on la fait bien relier ; au fond de cette futaille, égalisez 6 ou 8 centimètres de charbon en poudre ; dans cette première futaille mettez-en une autre de moitié de capacité, de manière à pouvoir mettre tout autour de cette futaille 6 à 8 centimètres de charbon comme le fond de la grande futaille : cette seconde futaille intérieure doit être de huit centimètres moins haute que celle dans laquelle elle est, afin de pouvoir y mettre un couvercle, ce couvercle de 18 à 20 millimètres d'épaisseur. On fait deux fonds pareils, l'un des deux seulement qui ait un trou de 5 centimètres de diamètre ; attachez ces deux fonds avec des taquets qui aient 5 centimètres de hauteur, afin de tenir ces deux fonds à cette distance ; achevez ensuite l'assemblage en clouant au pourtour une bande de fer-blanc ou de zinc de 11 centimètres, de manière à ce que cette feuille, faisant saillie de 5 centimètres sur l'une des faces du fond, puisse par cela entrer 5 centimètres dans la poussière de charbon et s'opposer plus facilement à la communication de l'air extérieur. Vous aurez le soin de mettre la saillie de fer-blanc du côté où le fond n'a pas été percé ; cette ouverture est destinée à l'introduction du charbon en poudre dans l'intérieur de ce couvercle, et, ce but rempli, un bouchon de bois formant saillie servira de poignée pour ouvrir et fermer cette glacière de ménage.

Faire un *Arbre de Diane*.

Mettez dans une grande carafe de verre blanc, ou plutôt dans un globe à poisson, 2 litres d'eau et 62 grammes de sel de Saturne; on le remue bien afin de faire fondre le sel; l'eau deviendra blanche comme du lait. On la filtre alors au papier gris; elle devient très-transparente et sans couleur. On la met dans le bocal de verre, et on forme avec du fil de laiton plusieurs cintres, arbres ou portiques, en laissant plusieurs bouts de laiton où l'on a mis à chacun gros comme une noisette de zinc attaché. Ayant formé avec le fil ce qui a pu le mieux vous plaire, on réunit tous les bouts et les passe dans un bouchon qui ferme bien juste l'ouverture du bocal; il faut alors que le bocal fermé, les boules de zinc soient 3 centimètres dans l'eau, et aussitôt vous voyez le zinc qui travaille, formant divers rameaux de toute beauté. Plus il demeure de temps, plus il devient beau.

Méthode pour bien blanchir les Fils de Chanvre et de Coton.

On les fait tremper dans l'eau quelques jours, en les lessivant à plusieurs reprises, les plongeant après chaque lessive dans le chlore liquide, les traitant ensuite par l'acide sulfurique très-faible, les lavant à grande eau après chaque opération, les azurant, les tordant et enfin les laissant sécher. Il est toujours très-utile, dans ces opérations, de ne se servir que d'eau très-limpide: on juge de la concentration du chlore par son action sur l'indigo; il est au point de force convenable, lorsqu'il peut détruire la couleur d'une fois et demie à deux fois son volume d'une dissolution faite d'abord avec une partie d'indigo et sept parties d'acide sulfurique, et étendue ensuite de neuf cent quatre-vingt-douze fois son poids d'eau. On peut mettre en toute assurance les pièces à blanchir sans crainte que le chlore n'attaque le tissu ou fil. Quant aux lessives, il faut, pour les obtenir, mettre dans un cuvier une certaine quantité de chaux vive, l'éteindre et jeter dessus deux fois son poids de potasse du commerce, ou de sous-carbonate de soude, puis ajouter une certaine quantité d'eau plus ou moins grande, selon la force qu'on veut donner à la lessive; on brasse le tout, et on l'abandonne à elle-même; bientôt un dépôt abondant se rassemble au fond du cuvier; alors on décante le liquide surnageant, on lave une ou deux fois le précipité; l'eau qui sert à ces lavages est réunie à la première lessive, et si le mélange n'est pas au degré convenable, on l'y porte par d'autre lessive plus forte (pour plus de détails, voyez les éléments de teinture par Bertholet). Dans une partie si difficile que celle-ci, nous ne pouvons faire moins que d'omettre bien des choses, étant obligé de nous restreindre dans le cadre que nous nous sommes formé.

Nouvelle recette pour pêcher du poisson en abondance, soit au filet, soit à la ligne. (Cette recette a été vendue à l'éditeur par un vieux pêcheur génois, après expérience faite le 28 octobre 1849, à Gênes.)

Prenez de la lavande, cinquante grammes pour deux litres d'eau; faites bouillir le tout pendant une heure et demie, puis ajoutez quatre cuillerées d'extrait d'absinthe, et vous mettrez tremper dans cette composition, pendant quarante-huit heures, l'instrument de pêche dont vous devez vous servir : le poisson, attiré par cette odeur, viendra se livrer lui-même.

Préparation de l'eau-de-vie camphrée et la manière de l'employer.

On fait dissoudre dans une bouteille bien bouchée autant de petites lentilles de camphre que la bouteille renferme de petits verres d'eau-de-vie; on laisse dissoudre quelques heures, et si l'on voit qu'il reste du camphre en grumeau au fond du vase, on le décante dans un autre vase.

Manière d'employer l'eau-de-vie camphrée.

1° En lotion : on s'en remplit le creux de la main, que l'on promène sur les surfaces qui correspondent au siège de la douleur; pour les personnes maigres et les malades de la poitrine, on doit étendre l'eau-de-vie camphrée en lotion d'assez d'eau pour la ramener à 18°.

2° En compresse : on en verse une quantité suffisante dans une cuvette ou assiette, et l'on imbibe un linge ployé en quatre, qu'on se hâte d'appliquer à froid sur la surface malade pour éviter que l'alcool ne passe dans les linges; et afin de rendre son action plus durable sans que l'odorat du malade en soit trop vivement affecté, on recouvre la compresse avec un mouchoir de mousseline empesé, dont on mouille les bords pour qu'il adhère aux chairs tout autour de la compresse; l'eau-de-vie, qui ne dissout pas l'amidon de l'empois, se trouve ainsi emprissonnée sous l'enveloppe de ce surtout, comme il le serait dans un flacon bouché à l'émeri. D'après la médication de M. Raspail, et bien des expériences, c'est un remède qui s'applique avec efficacité à toute maladie.

Moyen préservatif et curatif contre le choléra, d'après la médication de M. Raspail.

On se préservera du choléra par le régime camphré et alcotique, par l'usage d'une nourriture forte et aromatisée à l'ail, au poivre, au gingembre, par les lotions souvent répétées à l'alcool camphré, ou à l'eau de Cologne, et les longues frictions à la pommade camphrée.

On s'en guérira si, dès les premiers symptômes, on redouble ce traitement préservatif, et qu'on ne l'abandonne que lorsque toutes les craintes seront dissipées : cataplasme vermifuge sur le ventre, renouvelé tous les quarts d'heure, et forte friction à l'alcool camphré pendant tout le temps qu'on le prépare, aloès et bouillon aux herbes aussitôt, lavement vermifuge au tabac toutes les heures, 15 centigrammes de camphre avalé au moyen d'une gorgée d'eau de goudron, eau sédative sur le crâne, autour du cou et des poignets.

Lotion de la même eau sur tout le dos, et frictions incessantes du cou à l'anus avec la pommade camphrée; gargarismes fréquents à l'eau salée. Quelques heures après avoir commencé ce traitement, faites avaler au malade un gramme de calomel en cristaux broyés, mais non porphyrisés, et une demi-heure après l'huile de ricin. Quand la crise est passée, bain sédatif et alcalino-ferrugineux; avec friction au sortir du bain; excellente nourriture aromatisée dès que le malade se sent en appétit; eau salée à boire.

Remède contre les différentes espèces de fièvres.

Fièvre intermittente. — Effet : le pouls bat vite et irrégulièrement; on éprouve alternativement de la chaleur et du frisson, le visage devient hâve et pâle, et le corps tombe dans le marasme. — Médication : usage constant de la cigarette de camphre ; camphre à l'intérieur trois fois par jour, aloès tous les deux jours, lavements vermifuges, application de compresses d'eau sédative, ou de cataplasmes vermifuges, arrosés d'eau sédative, sur le ventre ; lotions fréquentes et alternatives sur tout le corps à l'alcool camphré ; à l'eau sédative ; compresses de la même eau autour du cou et sur le crâne, deux jours de suite seulement ; calomel tous les huit jours jusqu'à guérison.

Remède contre la fièvre cérébrale.

La fièvre cérébrale, prise au début, se dissipe dans les vingt-quatre heures, et elle est soulagée à l'instant même par le traitement suivant : on entoure le front d'un bandeau épais, afin de protéger les yeux contre l'action de l'eau sédative ; on arrose alors fréquemment le crâne avec cette eau, on entoure le cou avec une compresse imbibée d'eau sédative, on en lotionne le corps, et l'on exerce par-dessus de fortes frictions à la pommade camphrée.

Dès que le malade reprend la raison, on lui administre trente centigrammes d'aloès et un lavement vermifuge ; on lui applique un cataplasme vermifuge et laxatif sur le ventre ; tisane chaude de bourrache avec un petit grumeau de camphre à chaque verre. On ne cesse les lotions à l'eau sédative que lorsque les symptômes cérébraux sont entièrement dissipés. Le camphre à priser seul guérit les migraines, dont la cause est dans les fosses nasales. Les injections à l'huile camphrée guérissent celles dont la cause est dans le tuyau auditif.

Remède contre la fièvre bilieuse et la fièvre typhoïde.

Dès les premiers symptômes, on entoure le cou et les poignets d'une cravate imbibée d'eau sédative ; on en arrose le crâne en protégeant les yeux ; on en lotionne le corps, et l'on frictionne par-dessus, aussi longtemps qu'on le peut, avec la pommade camphrée ; cataplasmes anti-vermineux sur le ventre. Aux grandes personnes on fait prendre trente centigrammes d'aloès avec bouillon aux herbes, et des lavements vermifuges. Aux enfants en bas âge, au lieu de l'aloès, on donne, au moins deux fois par jour, une forte cuillerée de sirop de chicorée avec camphre à prendre à chaque verre.

Remède contre la morsure de la vipère ou autres animaux vénimeux , piqûres d'abeilles, de guêpes, d'araignées, de scorpions , etc.

Aussitôt appliquez sur la plaie de l'eau sédative et même de l'ammoniaque pure, si l'on en a sous la main ; lotions fréquentes d'eau sédative dans le voisinage du mal, et même sur tout le corps si le mal a déjà gagné en avance, et cela jusqu'à cessation de toute espèce d'accidents ; donner à boire souvent un verre d'eau sucré , alcalisée avec quelques gouttes d'eau sédative.

Recette pour faire la colle à bouche.

Prenez une once de colle de Flandre,très-claire et blanche; la laisser tremper pendant dix heures, la tirer de l'eau et la faire fondre sur la cendre chaude dans un poêlon de terre neuve; ajoutez une once de sucre blanc, puis versez le tout dans le creux d'une assiette; posez de nouveau, afin qu'elle soit partout de même épaisseur; une fois refroidie, coupez la colle par tablette d'un pouce de large sur 5 ou 4 de long. Chaque tablette doit avoir au moins une ligne et demie d'épaisseur. Si on ajoute du jus de citron ou de l'eau de fleurs d'orange pendant que la colle est en fusion, on lui procure un goût agréable.

Procédé facile pour étamer le fer.

Ce procédé s'applique aux boucles de harnais, aux mors de brides, aux étriers, etc. Découper en le trempant dans de l'eau acidulée d'acide muriatique , le frotter et le tremper dans de l'étain fondu, recouvert à sa surface de graisse, de poix ou de résine, pour empêcher le contact de l'air.

Pour composer l'eau-de-vie camphrée.

On met fondre dix grammes de camphre pour cent grammes d'eau-de-vie à 22 degrés : on met l'eau-de-vie au bain-marie, afin que le camphre fonde plus facilement, puis on le met en bouteille.

*Composition chimique à l'aide de laquelle on perce facile-
ment le verre et l'émail.*

Mettez dans une bouteille 1 gros de sel d'oseille en poudre,
1 gros de bois de saudal rouge en poudre, 1 once d'essence
de térébenthine ; mèlez le tout dans une bouteille, bouchez
bien avec un bouchon en liége. On trempe dans cette eau la
partie du verre que l'on veut percer; cela le ramolli de façon à
ce qu'il soit très-facile de le percer, soit avec un burin, soit
avec un poinçon à main.

Procédé facile pour nettoyer les cadres dorés.

Battre ensemble une demi-once d'eau de javelle et une
once et demie de blancs d'œufs; trempez une brosse douce
dans cette liqueur, puis frottez votre cadre; après l'opération,
mettez une couche de vernis qu'emploient les doreurs sur
bois, que l'on trouve chez tous les peintres en bâtiment.

Pour bronzer le canon de fusil.

Nettoyez bien votre canon à l'émeri jusqu'à ce qu'il soit
blanc comme l'argent ; passez une couche de beurre d'antimoine, et laissez sécher. Brossez-le avec une brosse très-dure,
et passez une seconde et troisième couche s'il est besoin, jusqu'à ce que vous le trouviez assez foncé.

Pour hollander les plumes d'oie.

Plongez pendant quelques instants le tuyau des plumes
dans un bain de sable fin chauffé environ à 50 degrés; frottez ensuite avec un morceau de laine ; les mettre dans de
l'acide hydroclorique (esprit de sel) très-étendu d'eau, et les
faire sécher.

Procédé pour moirer le fer-blanc.

On prend de l'esprit de sel fumant que l'on étend de moitié
son poids d'eau; on fait chauffer une plaque de fer-blanc
laminé sur des charbons ardents, en même temps on y répand
la liqueur préparée dont nous venons de parler, et on l'étend
fortement en frottant sa surface avec un tampon de linge;
on voit aussitôt la surface du fer-blanc changer, se charger
de reflets argentés. On plonge la plaque dans l'eau, on la

lave bien et on applique une ou deux couches de vernis à la laque et à l'esprit de vin, blanc ou coloré ; on varie les nuances en changeant à l'esprit de sel fumant partie égale d'huile de vitriol ou d'acide de sel nitrique, ou en variant les proportions de ce mélange.

Remède très-efficace contre les rhumatismes.

Racine de patience,
Racine de guimauve,
Feuilles de chicorée sauvage, } de chaque une petite poignée;
Un peu de chiendent et de réglisse ; faites bouillir dans trois bouteilles demi-setier d'eau de rivière pendant un demi-quart d'heure. Ajoutez :

Follicule de séné, 5 gros;
Rhubarbe, 1 demi-gros;
Sel de Glauber, 1 gros.

Faites bouillir encore deux minutes, laissez infuser une couple d'heures, passez.

On prend de cette tisane un bon verre deux heures avant chaque repas, et l'on ne mange point de crudité pendant six semaines.

On fait préalablement transpirer le malade pendant deux jours en appliquant des briques chaudes au siége de la douleur.

FIN.

Table des Recettes contenues dans cet ouvrage.

POITIERS. — TYP. DE A. DUPRÉ.

www.ingramcontent.com/pod-product-compliance
Lightning Source LLC
LaVergne TN
LVHW012215170726
843503LV00005B/2092

9 782329 730165